KB005425

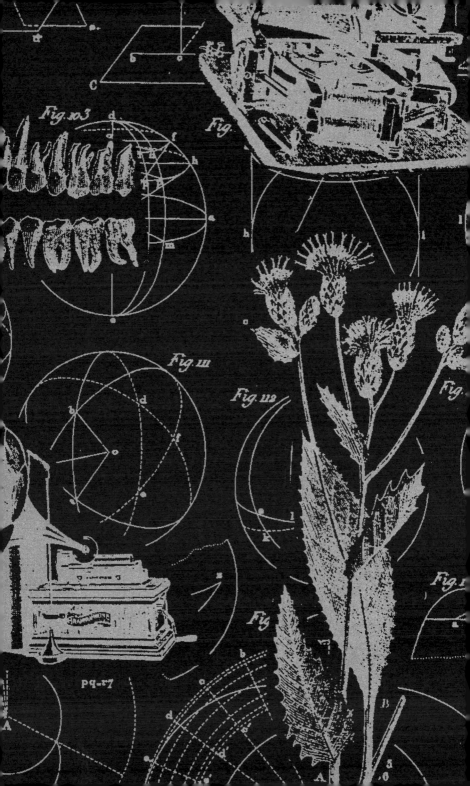

현대물리학과
* 페르미

현대물리학과
*페르미

댄 쿠퍼 지음 ● 승영조 옮김

바다출판사

1901년 이탈리아의 로마에서 태어난 엔리코 페르미. 그가 태어난 때는 물리학의 전성시대로, 물리학자들은 이 세계를 물리적으로 설명하는 데 연이어 성공함으로써 흠뻑 자기 만족에 사로잡혔다. 그러나 겉보기에는 더없이 완벽했던 법칙들이 슬슬 금이 가기 시작했고, 거세게 밀려든 혁명의 물결은 결국 뉴턴의 운동법칙을 뒤엎고 말았다.

1895년 뢴트겐의 X선 발견과 베크렐의 투과성을 지닌 방사선의 발견에 이론물리학자들도 가세했다. 물리학의 혁명은 번갯불에 콩 구워먹듯 별안간 이루어질 수 있는 게 아니다. 새로운 발견과 새로운 이론이 충분히 이해되려면 꽤 오랜 시간이 필요하기 때문이다. 어린 페르미가 자라서 물리학 혁명의 선구자로 활동할 시간은 아직 충분히 남아 있었다.

막내로 태어난 페르미는 어린 시절 늘 1등이었다. 그리고 수영이나 축구, 하이킹을 할 때도 기어이 1등을 해야 했다. 아버지의 동료 아미데이는 페르미가 신동이라는 것을 한눈에 알아 보고는, 엘리트 교육기관인 피사 대학의 고등사범학교 입학을 권했다. 물론 페르미는 전액 장학금을 받으면서 고등사범학교와 피사 대학에 입학했다. 거기서 페르미는 일생의 친구, 라세티를 만났다. 이들은 대학의 실험실을 독차지하면서 연구에 몰두했다. 이후 1922년 페르미는 피사 대학에서 물리학 박사학위를 받은 후 해외에서 박사후(포스트닥터) 과정을 밟는다. 그러나 계속 교수 채용에서 나이 많은 후보에게 밀리다가 전자, 중성자, 양성자, 뉴트리노의 속성을 계산하는 방법인 '페르미-디랙 통계'라는 논문으로 세계적인 명성을 날린다. 1926년 스물여섯 살에 로마 대학의 이론물리학 주임교수가 되었다.

3 노벨상으로 가는 길 51

현대물리학의 전파자, 페르미. 그는 대학 시절 친구였던 라세티와 함께 대학원생들에게 현대물리학을 가르쳤고, 새로운 물리학 실험과 연구 계획을 추진했다. 그리고 이탈리아에서 처음으로 현대 원자물리학에 관한 교재를 만들기도 했다. 페르미는 무엇보다도 물리학을 사랑했다. 그러면서 그는 개인적인 성공 이상을 넘어 이탈리아를 물리학 분야에서 으뜸가는 나라로 만들고 싶었다. 영국의 물리학자 러더퍼드의 알파 입자 산란실험과 이렌 졸리오-퀴리와 프레데릭 졸리오-퀴리의 인공방사능 발견에 이어 페르미는 중성자를 이용해 인공방사능을 만들어 냈다. 이제 중성자에 대해 페르미만큼 아는 사람이 없었다. 그리고 마침내 1938년 페르미는 노벨 물리학상을 받았다.

핵의 잠재된 에너지가 어마어마하며 핵분열을 통한 연쇄반응을 이용해 가공할 폭탄을 만들 수 있다는 점 때문에 많은 물리학자들이 이 분야에 뛰어들었다. 때는 1941년 일본이 진주만 공습을 한 후 미국이 제2차 세계대전에 뛰어들면서 연구에 더욱 박차를 가했다. 페르미는 시카고 대학에서 세계 최초로 원자로 CP-1을 이용해 통제된 핵분열 연쇄반응에 성공한다. 이때 얻은 에너지는 0.5와트에 지나지 않았지만 인류는 마침내 새로운 어마어마한 에니지원을 얻게 되었다. 더불어 비극적인 새 무기가 만들어질 날이 임박했다.

미육군 소장 그로브와 탁월한 이론물리학자이며 원자폭탄 개발 연구소장 오펜하이머는 새로운 무기 연구소를 세울 부지로 로스앨러모스를 선택했다. 오펜하이머는 미국의 알짜 핵물리학자와 화학자들을 불러와 연구소를 채웠고 페르미도 이 연구에 합류했다. 그리고 1945년, 6년 동안의 노력의 결과가 나타나는 순간이었다. 플루토늄은 약 4.5킬로그램이었지만 위력은 TNT 2만 톤과 맞먹었다. 그리고 8월 9일, 미국은 나가사키에 두 번째 폭탄을 떨어뜨렸다.

물리학자가 존경받는 시대 6

이제 전쟁은 끝났다. 이제 핵물리학이라는 새롭고 중요한 과
학이 탄생했다. 그러나 원자력을 누가 관리할 것인가를 둘러
싸고 군인들과 과학자들의 입장 차이로 어려움을 겪었다.
페르미는 시카고 대학으로 거처를 정했다. 그리고 시카고 대
학의 야금연구소 소장이었던 콤프턴이 세운 연구소 중 핵연
구소를 물리학 분야의 중심지로 만들고 싶었다. 그는 시카고
대학에서 젊은이들과 많은 토론을 했고 실험도 활발히 진행
했다. 그리고 그는 특정 에너지를 지닌 중성자를 골라 내는
연구에 몰두했다. 또한 과학자들이 공격을 당하고 있다는 생
각에 미국 물리학회의 회장을 맡았다.

7 위대한 사람으로 역사에 남다

1954년 봄, 한창 연구에 몰두하던 그의 몸 속에는 암이 자라
고 있었다. 치료할 희망은 전혀 없었다.
당대 실험물리학과 이론물리학 분야에서 최고였던 페르미.
오늘날 과학자들은 뉴트리노에 대한 연구와 통계, 중성자 물
리학과 베타 붕괴 이론 등에 대한 페르미의 업적을 잘 기억
하고 있다. 그리고 무엇보다 페르미는 물리적 세계가 어떻게
움직이는지를 좀더 잘 이해하기 위해 혼신의 힘을 다한 과학
자로 남아 있을 것이다.

물리학 혁명은 번갯불에 콩 구워먹듯
별안간 이루어질 수 있는 게 아니다.
새로운 발견과 새로운 이론이 충분히 이해되려면
꽤 오랜 시간이 필요하기 때문이다.
어린 엔리코 페르미가 자라서
물리학 혁명의 선구자로 활동할 시간은
아직 충분히 남아 있었다.

엔리코 페르미가 태어났을 때는 혁명이 한창 진행중이었다. 혁명을 하자고 총 한 방 쏜 사람이 없었고, 뒤집어진 정부도 없었다. 그러나 페르미 시대의 혁명은 총을 들고 벌인 어떤 싸움보다도 크게 세상을 바꿔 놓았다. 이 혁명은 아이디어와 발명의 혁명이었다. 사람들이 이 혁명을 통해 세계가 물리적으로 어떻게 움직이는지를 더 잘 알게 되자 세상은 크게 달라졌다. 페르미는 이 혁명의 선구자로서 핵 연쇄반응을 성공시켰고, 그것은 원자 폭탄의 발명으로 이어졌다. 그래서 인류의 전쟁은 과거와 판이하게 달라졌고, 인류의 미래가 휘청거리게 되었다.

이 혁명은 지금도 계속되고 있다. 우리는 아직도 물질과 에너지(힘)의 궁극적인 본성에 대해 모르는 게 너무 많다. 물리학자들이 특히 관심을 갖는 게 바로 물질과 에너지인데, 당대 최고의 물리학자였던 엔리코 페르미도 마찬가지였다.

물리학자에는 두 부류가 있다. 첫번째 부류는 실험물리학자이다. 그들은 물리 세계가 어떻게 움직이는지를 알아내기 위해 연구실에서 온갖 실험을 한다. 두 번째 부류는 이론물리학자이다. 그들은 연필과 종이(혹은 백묵과 칠판이나 슈퍼컴퓨터)를 사용하여 수학 모델을 개발하고, 물질과 에너지의 작용을 설명하는 방정식과 법칙을 찾아 낸다.

페르미는 '완벽한 물리학자' 라고 일컬어져 왔다. 그가 이론뿐만 아니라 실험에서도 최고였기 때문이다. 한 물리학자가 두 가지를 다 잘하는 것은 너무나 드문 일이다.

당대의 걸출한 초상화가 고드프리 넬러가 1689년에 그린 아이작 뉴턴(1642~1727)의 첫 초상화. 이때 뉴턴은 마흔일곱 살이었다. 이후 200여 년이 지난 20세기가 되어서야 뉴턴의 운동법칙(고전물리학)이 항상 옳지는 않다는 것이 밝혀졌다. 당시 페르미는 아직 어린 아이였다.

평범한 집안의 아들

엔리코 페르미는 1901년 9월 29일에 이탈리아의 로마에서 태어났다. 아버지인 알베르토 페르미는 철도청 직원이었다. 페르미 집안은 줄곧 농사를 지어오다가 할아버지 때부터 농사에서 손을 뗐다. 아버지는 아마도 공업계 고등학교를 나온 것 같다. 어머니인 이다 데 가티스는 초등학교 교사였다. 그들은 1898년에 결혼해서 연년생으로 세 자녀를 낳았다. 1899년에 마리아, 1900년에 줄리오, 1901년에 엔리코가 태어났다. 이 중산층 가정에서 물리 혁명의 지도자가 나올 거라고는 아무도 상상하지 못했다.

1901년의 세상은 오늘날과 사뭇 달랐다. 그때에는 오늘날 우리가 당연하게 생각하는 것 가운데 아주 많은 것이 없었다. 컴퓨터, 텔레비전, 심지어는 라디오조차도 아직 발명되지 않았다. 원자력을 사용한다는 것은 공상과학 소설에도 나오지 않을 정도였다. 당시 사람들은 원자에 대해서도 아는 게 없었다. 그런데 바야흐로 세상이 뒤집어질 때가 되었다.

고전물리학의 전성기

페르미가 태어난 1901년은 근대물리학, 즉 원자물리학이 태어난 해라고 할 수 있다. 당시 사람들은 미처 알아차리지 못했지만, 이때 이미 평화로운 혁명의 서곡이 울리면서 혁명의 물결이 넘실거리고 있었다.

장차 고전물리학이라고 불리게 될 뉴턴 역학은 당시 절정에 이른 것으로 여겨졌다. 사람들은 아이작 뉴턴(1642~1727) 등과 같은 거인들 덕분에 운동의 법칙을 잘 이해하고 있었다. 뉴턴에 의하면 태양 둘레를 돌고 있는 여러 행성은 일정한 운동의 법칙에 따라 움직인다. 심지어 당구공이 서로 부딪칠 때 일어나는 일도 운동의 법칙을 따른다. 뉴턴은 이탈리아의 물리학자이자 수학자인 갈릴레오 갈릴레이(1564~1642), 독일의 천문학자 요하네스 케플러(1571~1630) 등이 발견한 것을 토대로 삼아서, 다음 세 가지 운동의 법칙을 알아 냈다.

제1법칙(관성의 법칙) 바깥에서 밀거나 당기는 힘이 작용하지 않는 한, 물체의 운동상태는 달라지지 않는다(움직이지 않는 물체는 계속 움직이지 않고, 움직이는 물체는 계속 똑같이 움직인다). 이전 사람들은 힘이 작용하지 않으면 모든 물체가 멈춰 버린다고 생각했다!

제2법칙(힘과 가속도의 법칙) 바깥에서 힘이 작용하면, 물체는 가속도가 붙어서 점점 속도가 빨라진다. 그래서 시간에 따른 속도의 변화율인 가속도(a)는 힘의 크기(F)에 비례하고, 질량(m)에 반비례한다($a = \frac{F}{m}$ 혹은 $F = ma$). 계속 같은 힘이 작용하면 계속 같은 속도로 움직이는 게 아니라 점점 더 빨라진다!

관성
버릇이 된 것처럼 도통 변하지 않으려고 하는 게 관성이다. 물리적 관성이라는 게 왜 있을까? 그건 현대물리학자도 모른다!

예를 들어 중력의 작용으로 낙하하는 물체는 1초마다 약 9.8미터씩 속도가 빨라진다.

제3법칙(작용-반작용의 법칙) 물체 사이에 작용이 있으면 반드시 반작용이 있다. 즉 두 물체가 서로 힘을 작용하고 있을 때에 두 물체가 받는 힘은 그 크기가 같고 방향은 정반대이다. 예를 들어 달리는 사람은 발로 땅을 누르게 되는데, 이때 땅은 똑같은 힘으로 그 사람의 발을 밀어 낸다. 이때 땅이 뒤로 밀리지 않으니까 사람이 앞으로 나아가게 된다.

물리학자들은 이 세 가지 법칙이 너무 만족스러웠다. 여기다가 뉴턴의 중력 이론(우주의 모든 물체는 서로 끌어당기는 힘이 있다는 이론)만 덧붙이면, 태양 주위를 도는 행성의 운동도 너끈히 설명할 수 있었다. 물리학자와 천문학자는 망원경으로 여러 행성의 위치를 '측정'할 수 있었다. 그렇게 측정한 위치를 뉴턴의 법칙으로 예견한 위치와 비교하면 척척 들어맞았다. 측정하고 예견하기, 예견하고 측정하기, 이런 일을 반복하는 게 당시 물리학자들이 하는 일이었다.

금이 가기 시작한 법칙들

페르미가 태어난 때는 물리학의 전성시대라고 할 수 있었다. 인간이 관측할 수 있는 무수한 것들을 그저 몇 가지

뉴턴의 중력 이론(법칙)
두 물체가 서로 끌어당기는 힘(F)은 두 물체의 질량(m', m²)을 곱한 양에 비례하고, 두 물체 사이의 거리를 제곱한 양(R²)에 반비례한다(무거울수록 인력이 커지고, 거리가 멀수록 약해진다).

$$F=\frac{Gm^1m^2}{R^2}$$

여기서 G는 보편상수(중력상수)이다. 보편상수란 시간적·공간적으로 딱 정해져 있어서 결코 변하지 않는 값을 일컫는 말이다. 뒤에 나올 플랑크 상수도 보편상수이다.

간단한 법칙과 방정식만으로 척척 설명할 수가 있었던 물리학은 신바람나는 학문이었다. 천문학자들은 여러 행성이 어떻게 움직일지도 정확하게 예견할 수 있었다. 언제 일식이 일어날지, 어떤 행성이 지금부터 1년 후에 어디에 있게 될지도 수학적으로 정확하게 알아맞힐 수 있었다.

페르미가 태어나기 얼마 전에 물리학자들은 또 한 차례 위대한 승리를 거두었다. 스코틀랜드의 이론물리학자인 제임스 클럭 맥스웰(1831~1879)이 전기 이론과 자기 이론을 합쳐 전자기 이론을 탄생시킨 것이다. 맥스웰의 방정식은 뉴턴의 방정식 못지않게 강력하고 아름다웠다. 맥스웰의 전자기 이론에 따르면, 전하가 운동을 하면 전자기의 물결(전자기파)을 일으킬 수 있으며, 이 전자기파는 빛의 속도로 움직인다! 사실상 맥스웰의 이론은 빛 자체가 곧 전자기파라는 사실을 밝힌 것이었다. (물결처럼 움직이는 것을 파동이라고 한다. 빛의 본성이 파동인가 입자인가는 고대 그리스 시대부터 말싸움거리였다. 뉴턴은 입자설을 주장하고 파동설을 부인했지만, 토마스 영은 실험을 통해 빛이 파동의 성질을 지녔음을 입증했다. 그러나 장차 물리학 혁명의 시기를 거치면서 빛이 반드시 파동의 속성만을 지니지 않았음이 밝혀지게 된다.)

19세기가 저물 무렵의 물리학자들은 이 세계를 물리적으로 설명하는 데 연이어 성공함으로써 흠뻑 자기만족에 사로잡혔다. 이제 물리학은 곧 완성될 것이다! 그러면 기계적인 법칙의 지배를 받는 이 세계의 비밀을 깡그리 이해할 수

전기와 전하
전기와 전하는 뭐가 다른 걸까? 전기 현상을 발견해서 전기라는 말을 처음 만들어 낸 것은 고대 그리스 사람들이었다. 고대 그리스를 비롯한 서양에서는 현상(겉모습)과 실체(속알맹이)를 나누어 생각하길 좋아했다. 그래서 전기 현상을 일으키는 실체가 무엇인가를 생각했고, 그것을 전하라고 부르게 되었다. 전하를 영어로는 electric charge 혹은 그냥 charge라고 한다.

입자설과 파동설
입자설은 빛을 물질로 본다. 이와 달리 파동설은 빛을 물질이 아닌 파동으로 본다. 토마스 영 등의 실험 결과 빛의 파동적 성질이 밝혀졌다. 그런데 파동이 전달되려면 반드시 매질(매개 물질)이 필요하다. 예를 들어 소리는 물질이 아니라 다만 공기의 진동(파동)인데, 이때 공기가 바로 매질이다. 문제가 되는 것은 빛은 매질 없이 전달된다는 것이다. 이런 모순을 해결한 것이 양자역학이다. 양자역학에 따르면 빛은 입자이자 파동이다.

있게 될 것이다! 이렇게 생각한 사람들이 허다했다(이런 생각을 기계론적 세계관이라고 한다). 그러나 겉보기에는 더없이 완벽했던 법칙들이 슬슬 금이 가기 시작했다. 거세게 밀려든 혁명의 물결은 결국 뉴턴의 운동법칙을 뒤엎고 말았다. 원자처럼 극미한 것은 뉴턴의 운동법칙을 따르지 않았다. 그리고 빛은 항상 물결처럼 움직이지 않았다. 때로 빛은 잇달아 날아가는 총알과 같다(입자이기도 하다)는 사실이 밝혀졌다.

아인슈타인은 "신은 교활하지만 심술궂지는 않다"고 말했다. 대자연의 섭리는 교활할 정도로 미묘하게 감춰져 있지만, 신은 인간이 그 섭리를 발견하지 못하도록 심술을 부리지는 않는다는 뜻이다. 1801년에 자외선이 발견되고 나서 이상하고 새로운 '선rays'이 발견되었다. 그래서 그것을 설명할 수 있는 새로운 이론이 필요하게 되었다. 새로운 이론을 발견하려면 새로운 뉴턴, 새로운 맥스웰이 등장해야 했다.

X선과 방사선의 발견

먼저 1895년에 독일 물리학자 빌헬름 콘라트 뢴트겐 (1845~1923)이 우연히 물질을 투과하는 X선을 발견했다. X선을 손에 비추면 손을 투과해서 뼈의 모습만 드러나게 된다. 뢴트겐은 그게 뭔지 모르겠다는 뜻에서 미지수를 뜻하는 'X선'이라고 이름을 붙였다. 하지만 이제 우리는

선rays
물리학에서 '선'이란 방사성 물질 입자를 말하거나 혹은 그 입자의 흐름을 일컫는 말이다.

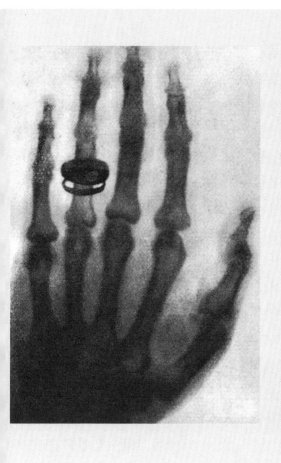

해부학자 알베르트 폰 쾰리커가 자신의 손을 X선으로 촬영한 것은 1896년 1월 23일이었다. 이 촬영은 뢴트겐이 독일의 뷔르츠베르크 대학에서 X선을 발견한 지 몇 주만에 이루어졌다.

그게 뭔지 잘 알고 있다. X선은 빠르게 흐르는 전자를 금속판에 충돌시켰을 때 생기는 전자기파다. X선은 빛과 비슷하지만 에너지가 훨씬 더 커서 물질을 더 잘 투과할 수 있다.

뢴트겐은 전류가 기체를 어떻게 통과하는지를 연구하다가 우연히 X선을 발견했다. 물리학자들은 기체 속의 전기 흐름을 50년 이상 연구해 왔다. 기체는 전기가 통하지 않지만, 압력을 크게 낮추면 전기가 통한다(방전된다). 이것을 진공방전이라고 한다. 어쩌면 다른 진공방전 실험자들도 이미 X선을 발견했는지 모른다. 어쨌든 뢴트겐은 우연히 X선을 발견하고는 그게 뭔지 몰라 머리를 긁적였던 최초의 사람으로 역사에 기록되었다. 물리학은 이 발견으로 인해 더 넓고 새로운 영역을 개척할 수 있게 되었다. 실험 물리학에서는 이처럼 우연한 발견이 획기적인 역할을 한 경우가 많다(페르미의 가장 위대한 발견 가운데 하나도 우연히 이뤄졌고, 그걸로 노벨상까지 받았다). 성공적인 연구자들은 이러한 우연을 탐구하고 이용하는 방법을 배운다.

뢴트겐의 발견을 계기로 하여, 또다시 깜짝 놀랄 만한 발견이 이뤄졌다. 투과성을 지닌 방사선이 발견된 것이다. 프랑스의 물리학자 앙투완 앙리 베크렐(1852~1908)이 불투명한 검은 종이에 싼 사진 건판 옆에 우라늄을 놓아 두었다. 그러자 사진 건판에 우라늄의 모습이 저절로 찍혀 나왔다. 나중에 마리 퀴리는 이 새로운 현상에 대해 방사능(방사성)이라는 이름을 붙였다(방사능과 방사성은 모두 영어로 radioactivity이다). 방사능이란 우라늄, 토륨, 라듐과 같은 무거운 원소가 높은 에너지의 입자를 방사하는 능력(성질)을 일컫는 말이다.

좀더 연구한 결과, 방사선에는 세 종류가 있다는 것이 확인되어 알파선, 베타선, 감마선이라는 이름이 붙여졌다. 알파선, 곧 알파 입자는 헬륨 원자의 핵인 것으로 밝혀졌다. 베타선, 곧 베타 입자는 전류를 통하게 하는 전자와 같은 것이었다. 알파와 베타 입자와는 달리 감마 입자는 X선과 비슷한 전자기파인데, 대부분의 X선보다 훨씬 더 큰 에너지를 지니고 있다는 게 밝혀졌다.

고전물리학으로 설명되지 않는 양자세계

20세기가 동틀 무렵, 물리학자들은 여러 가지 발견 덕분에 새로운 도전의 기회를 잡게 되었다. 물리학에 뭔가 큰일이 일어나고 있었지만 뉴턴과 맥스웰의 이론만으로는 그런 것들을 설명할 수 없었다.

실험실에서의 발견 외에도 또 다른 발견이 이뤄졌다. 실험결과를 수학적 계산으로 설명해 내고 새로운 이론을 만들어 내는 이론물리학자들도 놀고만 있지는 않았던 것이다. 그들은 맥스웰의 방정식만으로는 설명할 수가 없는 문제를 붙들고 씨름을 했다. 이 문제는 이글거릴 정도로 빨갛게 달구어진 물체에서 방출되는 빛에 관한 것이었다. 기존 법칙에 따르면 무한히 많은 에너지가 방출되어야 했다.

게다가 빛의 파동설에 따르면, 뜨거워진 물체는 긴 파장의 빛보다 짧은 파장의 빛을 더 쉽게 방출할 수 있다. 그렇다면 불꽃은 빨강에서 노랑으로, 파랑으로, 보라색으로, 점점 더 파장이 짧은 빛으로 바뀔 것이다. 그리고 자외선에 이르면 우리 눈에 보이지 않게 될 것이다. 하지만 실제 현상은 전혀 그렇지 않았다. 이론물리학자들은 이 문제를 호들갑스럽게 '자외선 파탄'이라고 불렀다(이 문제를 어려운 말로는 '흑체복사 문제'라고 한다).

1900년 12월 14일에 독일 이론물리학자 막스 플랑크 (1858~1947)가 마침내 '자외선 파탄' 문제를 해결했다. 그는 달궈진 물체에서 나오는 빛이 눈에 보이지 않는 자외선으로 바뀌지 않는 이유를 설명할 수 있었다. 플랑크의 새 이론에 따르면 방출된 빛의 색깔과 방출된 에너지의 양은 일치한다. 플랑크는 그 일치를 설명하기 위해 획기적으로 '양자(量子)'라는 개념을 끌어들였다.

고전물리학에서는 에너지가 연속적으로 방출되거나 흡수되는 줄 알았다. 그런데 플랑크는 에너지가 '불연속적'으로 덩어리를 이루어 흡수·방출된다는 놀라운 사실을 발견했다! 불연속적인 에너지의 덩어리가 바로 양자이고, 이 에너지 양자의 크기를 나타낸 것이 플랑크 상수(h)이다.

양자가 무엇인지를 음미해보기 위해 연못(뜨거운 물체)에 돌(열)을 던진다(가한다)고 가정해보자. 그러면 파문(빛)이 생긴다. 실제 연못에서는 물이 연속적으로 밀려가며 물결을 만들어 낸다. 그런데 양자 연못은 다르다. 물이 밀려가

흑체
입사하는 모든 복사선을 완전히 흡수하는 물체이다. 흡수능력이 100퍼센트인 완전 흑체는 현실적으로 존재하지 않지만 백금흑을 비롯하여 이것에 가까운 물체는 많다.

흑체복사
복사를 투과시키지 않는 벽으로 둘러싸인 공간 내에서 벽과 열평형 상태에 있는 전자기파의 상태이다. 흑체의 온도는 흑체복사의 성질과 관련이 있다.

자외선 파탄
흑체가 복사하는 스펙트럼 파장이 짧은 자외선 이상의 영역에 이르면 고전물리학의 예측과는 너무 다른 현상을 보인다. 즉 스펙트럼의 진동수가 매우 높아지면 에너지 밀도는 무한대로 확장되는 것이 아니라 0이 된다.

막스 플랑크는 복사법
칙을 제시할 때 처음으
로 양자 개념을 도입해
서 양자역학의 길을 열
었다.

지 않고 느닷없이(불연속적으로) 불쑥 불쑥 파문만 생긴다. 어떻게 그럴 수가 있을까? 이처럼 양자세계는 우리가 상식적으로 경험하고 있는 일상세계와 전혀 다르다. 상식을 버려야 한다! 양자 개념의 등장은 연속적이고 기계적인 고전물리학의 세계관을 여지없이 깨뜨리고 말았다.

원자의 중심에 있는 단단한 덩어리

양자 개념의 등장과 더불어 원자에 대한 아리송한 개념도 획기적으로 탈바꿈하게 되었다. 원자를 뜻하는 영어 'atom'은 그리스어에서 나온 말인데, '더 이상 쪼갤 수 없다'는 뜻이다. 만물이 더 이상 쪼갤 수 없는 원자로 이루어져 있다고 맨 처음 주장한 사람은 기원전 4세기의 고대 그리스 철학자 데모크리토스였다. 그러나 이 주장은 실험이나 이론으로 뒷받침된 게 아니라, 그저 철학적으로 생각해 낸 것이었다.

화학자들은 화학반응을 지배하는 법칙을 발전시키면서 원자의 본성을 몇 가지 알게 되었다. 영국 화학자 존 돌턴(1766~1844)은 특정 화합물 속에 결합되어 있는 원자(물질입자)들의 상대적인 무게를 확정해서 표를 만들어 근대 원자론을 제시했다. 하지만 개별 원자의 정확한 무게는 아무도 몰랐다. 원자들이 일정 비율로 결합되어 있다는 사실만을 정확하게 알 뿐이었다. 어쨌든 화학자들(그리고 물리학자들)은 원자라는 기본 개념을 믿고 있었다.

돌턴이 원자에 대한 자신의 연구 결과를 발표한 것은 19세기 초였다. 그리고 100년쯤 지난 20세기에 들어서자 어니스트 러더퍼드(1871~1937)가 실험을 통해 원자의 모습을 현대적으로 밝혀 냈다. 러더퍼드는 작은 구멍 앞에 알파 입자의 방출원을 놓은 다음, 방출된 알파 입자가 얇은 금박 종이를 때린 후 어떻게 굴절하는지 지켜보았다. (굴절된 알파 입자를 '눈으로' 볼 수 있다! 텔레비전 영상이 비치는 브라운관의 형광막과 같은 종류의 형광물질로 코팅된 표면을 알파 입자가 때린 모습을 살펴보면 어떻게 굴절되었는지를 알 수 있다.) 대부분의 알파 입자는 거의 방향이 바뀌지 않고 금박을 투과했다. 그러나 소수의 입자는 약간 방향이 바뀌었고, 그 중 일부는 굴절이 아주 심했다. 약 8,000개의 입자 중에서 한 개는 90도까지 굴절했고, 어떤 것은 왔던 방향으로 되돌아갈 만큼 크게 방향이 꺾였다.

그것은 정말 놀라운 결과였다. 러더퍼드는 훗날 그때의 놀라움을 "15인치 포탄을 쏘았는데, 그게 화장지 한 장에 부딪쳐 되돌아와서 자신을 들이받은 격"이라고 표현했다.

빠른 속도로 방출된 알파 입자는 얇은 금박의 금 원자와 충돌한다. 대부분은 금 원자를 투과한다(알파 입자는 원자 속을 뚫고 들어갈 수 있을 만큼 에너지가 막강하다!). 그런데 소수의 알파 입자가 심하게 굴절됐다는 건 뭔가 아주 무거운 것과 충돌했다는 뜻이다. 그런 결과를 이해하려면, 금 원자의 중앙에 대부분의 질량이 뭉쳐 있다고 볼 수밖에 없다. 러더퍼드는 원자의 핵심이라고 할 수 있는 그 지역에

어니스트 러더퍼드 (1871~1937)

뉴질랜드 태생으로 캠브리지에 유학한 영국 물리학자. 가이거와 마드슨이 실험 중에 산란각이 큰 알파선을 발견하자 러더퍼드가 이를 해석하여 원자 내에 극히 작은 원자핵이 존재한다고 결론지었다. 채드윅과 공동으로 가벼운 원소의 인공전환을 연구하여 중성자와 중수소의 존재를 예상하는 등 핵물리학 전개에 중요한 역할을 했다.

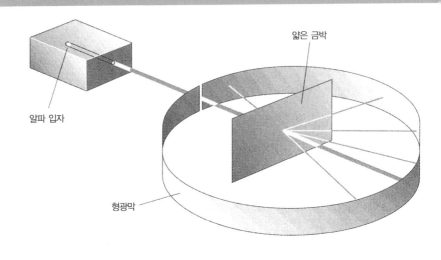

알파 입자

얇은 금박

형광막

왼쪽에서 들어간 알파 입자는 얇은 금박과 충돌한다. 이때 대부분의 알파 입자는 거의 굴절하지 않고 투과한다. 그러나 크게 굴절한 소수의 입자가 있는데, 그 입자는 금박 원자의 조밀한 중앙 핵과 충돌한 것이다.

핵이라는 이름을 붙였다. (원자 하나의 지름을 100미터로 확대해 보자. 그러면 핵의 지름은? 불과 1밀리미터! 그렇게 비좁은 곳에 대부분의 물질이 몰려 있다. 물질적으로 원자의 내부는 텅텅 비어 있다!!) 새로운 세기에 접어들었을 때, 물리학자들은 원자의 본질을 더 깊이 이해할 수 있는 몇 가지의 실마리를 얻었다. 수수께끼 같은 몇 가지 새로운 '선', 대부분의 질량이 중앙의 핵에 집중되어 있는 원자 모델, 막스 플랑크의 양자 개념, 이런 몇 가지 실마리가 차츰 풀리면서 물리학 혁명은 순조롭게 진행되어갔다.

물리학 혁명은 번갯불에 콩 구워먹듯 별안간 이루어질 수 있는 게 아니다. 새로운 발견과 새로운 이론이 충분히 이해되려면 꽤 오랜 시간이 필요하기 때문이다. 어린 엔리코 페르미가 자라서 물리학 혁명의 선구자로 활동할 시간은 아직 충분히 남아 있었다.

물리학을 가장 좋아한 신동   2

열일곱 살의 엔리코 페르미

그는 피사 대학에 입학해서 물리학 박사학위를 받았다.

엔리코는 누나 마리아와 두 살 터울이었고, 형 줄리오 와는 한 살 터울이었다. 줄리오와 엔리코는 누나가 태어난 후 곧이어 태어났기 때문에, 두레농장(공동체 농장) 으로 보내져서 유모의 젖을 먹고 자랐다(당시에는 흔히 있는 일이었다). 엔리코는 세 살이 되어서야 가족에게 돌아왔다.

기억력이 뛰어나고 총명한 아이

세 아이들은 나이 차이가 크지 않은 탓에 함께 놀면서 보내는 시간이 많았다. 엔리코와 형 줄리오는 특히 사이가 좋았다. 엔리코가 유난히 부끄럼을 많이 탔기 때문에 친구 보다는 형과 보내는 시간이 더욱 많았다. 초등학교 교사였 던 어머니는 모든 면에서 지나칠 만큼 엄격했고, 아이들에 게 거는 기대도 여간 크지 않았다. 아이들은 모두 총명해 서 공부를 잘했다. 특히 엔리코는 집에서 공부만 한 것도 아닌데, 반에서는 늘 1등이었다. 워낙 솔직한 성격 탓에 말 을 꾸며 내야 하는 작문에는 젬병이었지만, '오직 사실만' 밝히면 되는 과학에는 뛰어난 소질을 보였다.

페르미 가족은 1908년에 아파트로 이사갔다. 화장실만 달랑 있을 뿐, 욕조가 없는 썰렁한 아파트였다. 아이들은 이동욕조에서 목욕해야 했고, 전혀 난방이 되지 않아서 걸 핏하면 감기에 걸렸다. 훗날 페르미는 당시에 어찌나 손이 시렸던지 두 손을 엉덩이 밑에 깔고 앉은 채 혀로 책장을 넘기며 공부를 했다고 회상했다. 참으로 고단한 생활이었지만, 덕분에 엄청난 참을성을 기를 수 있었다.

페르미의 제자이자 동료 물리학자였고, 노벨 물리학상 수상자인 에밀리오 세그레(1905~1989)는 『물리학자, 엔리코 페르미』라는 전기를 썼다. 이 책에는 페르미의 천재적인 기억력에 대한 얘기가 나온다. 페르미는 아주 긴 장시를 금방 외울 뿐만 아니라, 세월이 오래 흐른 뒤에도 그것을 줄줄 외울 수 있었다고 한다. 페르미는 기억력이 아주 뛰어나고 총명했던 게 분명하다. 당시에는 열 살이 되면 중학교에 입학할 수 있었는데, 그는 중학생이 되어서도 모든 과목의 공부를 다 잘했다. 비록 중학생이라 해도 국어인 이탈리아어를 비롯해서, 라틴어, 그리스어, 역사, 지리, 수학, 물리학, 박물학, 철학 등 배워야 할 과목이 수두룩했다. 이런 과목들은 어렵기도 했지만, 선생님들도 여간 깐깐한 게 아니었다. 그런데 세그레의 말에 따르면, 페르미가 "반에서 1등을 하는 건 식은 죽 먹기"였다.

운동과 과학의 재미를 알게 되다

어린 시절의 페르미가 공부벌레이기만 했던 것은 아니었다. 그는 종일 공부만 하지 않았으며 운동을 좋아했고, 경쟁심이 아주 강했다. 하이킹을 할 때에도 기어이 1등을 해야 했고, 축구를 해도 꼭 이겨야 직성이 풀렸다. 수영을 할 때에는 물이 아무리 얼음장처럼 차가워도 맨 먼저 뛰어들었다. 그의 이런 경쟁심은 나이를 많이 먹은 다음에도

에밀리오 세그레
(1905~1989)
이탈리아 출신의 미국 물리학자. 로마 대학 시절 페르미의 제자로, 후에 미국으로 건너가 로스앨러모스에서 맨해튼 계획에도 참여했다. 페르미와 함께 중성자 물리학의 개척자로 인정받고 있으며, 1959년에 반양성자 연구로 노벨 물리학상을 수상했다.

눈곱만큼도 줄어들지 않았다.

페르미의 공부하는 습관은 독특했다. 그는 학교 공부를 뒤로 미루면서까지 자기가 좋아하는 책, 특히 과학책을 탐독했다. 세그레의 말에 따르면, 페르미는 고작 열 살이었을 때에도 학교 공부와는 관계없이 대수와 기하 문제를 붙들고 씨름을 했다고 한다.

페르미는 수학도 좋아하기는 했지만, 물리학을 가장 좋아했다. 그래서 10대 초반부터 짬짬이 물리학 책을 읽었고, 용돈을 아껴서 캄포데이피오리(꽃 들판)라 불리는 로마의 노점 거리에 나가 물리학 헌책을 사곤 했다.

가족에게 찾아든 커다란 슬픔

1915년 겨울에 페르미 가족에게 커다란 슬픔이 찾아왔다. 그의 형 줄리오가 갑자기 죽고 말았던 것이다. 줄리오는 목에 난 종기를 없애는 평범한 수술을 받다가 어이없이 죽고 말았다. 엔리코가 형을 잃은 슬픔을 이겨 낼 수 있었던 것은 오직 수학과 물리학에 몰두했기 때문이다.

형 줄리오는 엔리코에게 둘도 없는 단짝 친구나 다름없었다. 그들은 늘 함께 놀았고, 장난감 전기 자동차를 함께 조립하는 등 온갖 일을 함께 했다. 게다가 형은 성격이 활달하고 사교성이 좋아서, 부끄럼을 많이 타는 엔리코를 항상 감싸 주고 이끌어 주었다. 형의 죽음은 엔리코에게 이루 말할 수 없이 큰 충격이었다. 엔리코는 충격을 잊기 위해 전보다 더욱더 과학책에 파묻혀 지냈다.

줄리오의 죽음은 그의 어머니에게도 가슴이 찢어지는 아픔이었다. 그녀는 유난히 맏아들 줄리오를 좋아했기 때문에 누구보다 큰 충격을 받았다. 어머니는 우울해졌고, 다시는 예전처럼 명랑해지지 못했다. 맏아들을 잃은 후부터는 모든 일이 뒤죽박죽이 되었다. 어느 부모라도 그랬겠지만, 유난히 자식을 사랑한 어머니였기에 상심이 더욱 클 수밖에 없었다.

페르미가 형의 죽음으로 인한 크나큰 충격을 잊지 못하고 있을 때, 다행히도 새 친구를 만나게 되었다. 페르미가 다니던 리체오 고등학교의 동급생이었는데, 그 친구의 이름도 엔리코였다. 엔리코 페르시코 역시 물리학을 아주 좋아했다. 그들은 만나자마자 단짝이 되어 평생 우정을 잃지 않았고, 훗날 두 사람 모두 이탈리아의 물리학을 부흥시키는 데 크게 공헌했다.

일생의 스승, 아미데이

페르미와 페르시코는 헌책 시장을 같이 돌아다녔고, 각자 산 헌책을 바꿔 보았다. 그들은 간단한 실험 몇 가지를 같이 하기도 했다. 그래서 예를 들어 지구 자장의 힘을 측정하는 방법을 발견하기도 했다. 두 친구는 팽이가 쓰러지지 않고 도는 이유를 알아 내려고 한 적도 있는데, 당시로서는 그것을 알아 낼 만한 수학 실력을 갖추고 있지 못했다.

하지만 페르미는 곧 빙글빙글 도는 물체가 쓰러지지 않

는 이유만이 아니라 그 이상을 이해하게 되었다. 그 모든 것은 페르미의 인생에 커다란 영향을 미치게 될 훌륭한 스승을 만난 덕분이었다. 이 스승은 페르미가 대학을 졸업한 이후까지도 계속 그를 도와 주었다.

페르미는 가끔 아버지가 일하는 사무실로 찾아가곤 했다. 두 사람은 집까지 함께 걸어서 돌아왔다. 이것은 줄리오의 죽음이 두 사람에게 안겨 준 충격을 달래는 좋은 방법이었다. 이때 아버지의 동료인 아돌포 아미데이도 함께 걷는 일이 많았다. 페르미는 아미데이가 대학을 나온 엔지니어라는 사실을 알고는 공부하다가 잘 모르는 수학이나 물리학 문제가 있으면 그에게 물어 보았다. 그때마다 그는 항상 자상하게 가르쳐 주었다.

아미데이는 페르미가 '신동'이라는 것을 한눈에 알아보았다. 아미데이는 페르미가 고작 열세 살이었을 때 어려운 기하학 책을 빌려 준 적이 있었다. 그 책에는 아미데이가 풀기에도 까다로운 문제가 많이 들어 있었다. 그런데 페르미는 두어 달 만에 모든 문제를 다 풀고 책을 돌려 주었다. 이후 4년 이상 아미데이는 계속 책을 빌려 주었고, 페르미는 삼각법, 해석기하학, 미적분, 역학 이론에 관한 책을 줄줄이 독파했다. (그에게 빌린 마지막 책을 읽은 후, 페르미는 팽이와 자이로스코프 등의 선회 이론을 속속들이 이해하게 되었다.)

다른 사람과 마찬가지로 아미데이도 페르미의 놀라운 기억력에 탄복했다. 페르미가 미적분 책을 돌려 주었을 때 아미데이는 그 책을 가져도 좋다고 말한 적이 있었다. 그러나 페르미는 사양했다. 내용을 다 외워 버렸기 때문이다. 그건 정말 놀라운 재능이 아닐 수 없었다. 아미데이는 페르미가 어느 대학을 가면 좋을지 곰곰이 생각했다.

가장 총명한 학생만 입학할 수 있는 학교

물론 로마에도 좋은 대학이 있었지만 아미데이는 페르미가 피사 대학에 가야 한다고 주장했다. 피사 대학 안에는 고등사범학교라는 게 있었다. 사범학교는 교사를 길러내는 학교라는 뜻이지만, 피사 대학의 사범학교는 여느 사범학교와 달랐다. 이탈리아 전국에서 가장 총명한 학생 40명만이 입학할 수 있는 엘리트 교육기관이어서, 여간 명성이 높은 게 아니었다. 그리고 이제는 더 이상 교사 양성 기관도 아니었다. 사범학교는 피사 대학에 입학한 학생들에게 무료 식사와 숙소를 제공해 주었고, 대부분의 수업을 피사 대학에서 듣도록 했다. 페르미처럼 총명한 학생은 바로 그런 곳에서 공부해야 한다고 아미데이는 생각했다. 그래서 아미데이는 페르미에게 피사 대학과 고등사범학교 두 군데 모두 입학하라고 제안했다. 페르미는 두 군데 모두 입학할 능력이 있었다.

아미데이는 대학의 교육과정만 생각한 것이 아니었다. 그는 페르미가 부모의 곁을 떠나서 지내는 게 좋을 거라고 생각했다. 건강한 젊은이로서 독립을 한다는 것은 누구에

고등사범학교는 피사의
'기사의 궁전' 안에 있
었다. 페르미는 이 사
범학교와 피사 대학에
동시에 입학했다.

게나 중요한 일이지만, 페르미의 경우에는 더욱 그러했다. 집안 분위기가 너무 어두웠기 때문이다.

페르미의 부모는 아미데이의 제안이 달갑지 않았다. 하나뿐인 아들이 4년 동안이나 피사에서 혼자 지낸다는 게 마음에 걸렸던 것이다. 그러나 아미데이와 엔리코는 뜻을 모아서 재치 있고 끈질기게 가족을 설득했다.

두 군데의 입학 시험에 합격한 페르미

고등사범학교에 입학하려면 시험을 쳐야 했다. 두말 할 나위 없이 페르미는 거뜬히 합격했다. 시험 문제는 '소리의 성질'에 대해 쓰라는 것이었다. 페르미는 고등학교 졸업생이 쓸 만한 답안보다 훨씬 더 뛰어난 답안을 써 냈다. 그는 이제 고작 열일곱 살이었지만, 석사학위를 지닌 사람이나 가질 법한 고등수학 지식을 지니고 있었다. 답안을 채점하던 교수는 눈이 휘둥그레졌다. 그는 평생 페르미처럼 뛰어난 학생을 본 적이 없었다. 그는 페르미가 고등사범학교에 입학하게 된 것은 물론이고, 전액 장학금을 받게 되었다는 말을 직접 전해 주었다. 로마를 떠나 피사에서 아주 중요한 4년의 시간을 보내게 될 페르미에게는 그 말이 여간 힘이 되지 않았다.

사범학교는 궁전 안에 있었다. 궁전이라는 말이 아주 근사하게 들릴지 모르지만, 옛날 이탈리아의 궁전은 별로 화려하지 않았다. 페르미한테는 여전히 참을성이 필요했다.

방은 추웠고, 더운물도 나오지 않았다. 그러나 페르미는 이미 단련이 되어 있었다. 이제 그는 피사에 있었고, 피사에는 그 유명한 갈릴레오 갈릴레이가 물체의 낙하운동을 실험했던 피사의 사탑이 있었다.

페르미는 곧 일생의 친구를 만나게 되었다. 프란코 라세티라는 대학생이었는데, 그는 페르미처럼 과학에 관심이 많았다. 또한 페르미처럼 천재적인 기억력을 지녔고, 학교 공부를 아주 잘했다. 그러면서도 공부를 하지 않는 한이 있어도 해안 산악지대 하이킹을 마다하는 법이 없었다. 페르미와 라세티는 짓궂은 장난을 치면서 불타오르는 젊음의 에너지를 뿜어 냈다. 그들은 '반(反)이웃 사회'라는 걸 조직해서, 피사 대학의 지붕 위에서 떠들썩한 모의 결투를 벌이곤 했다. 때로는 공범자가 동료 학생에게 호들갑을 떨어서 정신을 빼놓은 사이에, 그 학생의 단추 구멍에 맹꽁이 자물쇠를 채워 놓는 장난을 치기도 했다.

물리학에서 두각을 나타낸 페르미

피사 대학은 물리학을 깊이 있게 공부하기에 제격이었다. 페르미와 라세티는 곧 대학의 실험실을 독차지했다. 실험실의 책임자였던 원로 교수가 급속히 발전하는 현대 물리학을 제대로 따라잡을 수 없었기 때문이다. 교수와 학생의 입장이 뒤바뀌어, 교수가 학생인 페르미에게 상대성이론에 대해 가르쳐 달라고 사정할 정도였다. 나이든 교수는 아인슈타인(1879~1955)이 내놓은, 시간과 공간에 대한 혁명적인 이론을 도무지 이해할 수 없었다.

페르미는 엔리코 페르시코에게 이런 편지를 보냈다.

"물리학과에서는 차츰 내 말이 가장 막강한 권위를 갖게 되었어."

시건방진 말 같지만 이 말은 사실이었다. 총명한 페르미는 그칠 줄 모르는 학구열로 막강한 물리학 지식을 쌓아갔다.

대학생이 되고 1년이 지난 1919년 여름 동안에 페르미가 기록한 공책에는 물리학과 수학에 대한 그의 깊은 지식이 고스란히 드러나 있다. 그는 독학으로 깨우친 물질의 구조와 역학 이론을 체계적으로 공책에 정리해 놓았다. 이어서 플랑크의 혁명적인 복사이론도 깔끔하게 정리해 놓았다. 이 공책은 페르미의 논문 대부분과 함께 시카고 대학의 레겐슈타인 도서관에 잘 보관되어 있다. 이 공책을 보면 대학 1학년에 불과한 페르미가 얼마나 폭넓게 공부하고, 얼마나 깊이 생각했는지를 한눈에 알 수 있다. 그리고 그가 실험대상을 다루는 데 기초가 되는 물리학 이론에 관심이 많았다는 것도 알 수 있다. 그는 수학을 위한 수학에는 별로 관심이 없었다. 자연 자체가 어떻게 작용하고, 실제로 무슨 일이 일어나고 있는지를 딱 부러지게 이해하는 데 수학이 필요했을 뿐이다.

페르미는 순전히 기억만으로 공책 정리를 했다. 그는 뛰어난 기억력 덕분에 배운 것을 잊어버리는 법이 없었고, 그런 기억력이 평생 유지되었다. 그는 어학에도 능통해서

복사
물체가 방출하는 전자기파 및 입자선의 총칭이다. 또는 이들을 방출하는 현상을 말하기도 한다. 양자역학에 따르면 에너지가 일정하게 유지되는 준위에 있던 전자가 다른 준위로 전이할 경우에 전자기파의 방출이나 흡수가 일어난다.

독일어도 새로 배웠다. 당시 과학을 주도하고 있던 나라는 독일이었다. 그래서 독일 과학서적을 직접 읽을 수 있었다는 것은 남보다 앞설 수 있는 또 하나의 이점이었다.

스물두 살의 젊은 박사

대학 생활 2년 만인 1920년 가을에 대학을 졸업하고 대학원에 진학한 페르미는 아주 특별한 기회를 잡을 수 있었다. 대학원생들이 제1차 세계대전에 참전한 탓에 실험실이 텅텅 비어 버린 것이다. 또다시 페르미와 라세티는 전에 대학에서 그랬듯이 대학원생들의 연구 실험실을 독차지할 수 있었다. 최고급 실험실에 비하면 장비가 부족했지만, 그래도 그곳에 있는 모든 장비를 마음껏 이용할 수 있었다.

페르미는 X선 실험으로 박사학위 논문을 쓸 작정이었다. 이론에 매우 뛰어난 재능을 지니고 있는 그가 논문의 주제로 이런 실험을 선택한 것이 이상해 보일 수도 있다. 사실 그는 첫 이론을 이미 발표하기까지 했다. 그런데 이론물리학이 급성장하고 있는 다른 유럽 지역에 비해 이탈리아는 전혀 그렇지 못했다. 그래서 페르미가 이론물리학으로 박사학위를 받는 데는 어려움이 많았다. 하지만 그것도 페르미에게는 문제될 게 없었다. 그는 실험을 하는 데에도 재주가 뛰어났기 때문이다. 대부분의 이론물리학자들이 실험실에서 필요로 하는 자질을 갖추고 있지 못한 것과는 달리, 그는 이론과 실험 중 어느 쪽을 선택하든 선구적인 물리학자가 될 능력을 지니고 있었다.

1922년 7월에 엔리코 페르미는 피사 대학에서 물리학 박사학위를 받았다. 동시에 고등사범학교 졸업장도 받았다. 페르미는 로마로 돌아가서 가족과 같이 지내며, 물리학계와 수학계의 사람들을 두루 사귀었다.

때를 기다리는 교수 지망생

이제 스물두 살이 된 페르미는 대학교수가 되어 자신의 물리학 지식을 마음껏 펼치고 싶었다. 그러나 기회는 쉽게 찾아오지 않았다. 페르미의 재능은 널리 알려졌지만, 빈 자리가 없었던 것이다. 물리학과가 새로 생기거나, 한 교수라도 죽어야만 치열한 경쟁을 거쳐 교수가 될 수 있었다. 경쟁에서 이기려면 과학논문을 발표한 경력이 중요하다는 것을 페르미는 잘 알고 있었다. 그래서 그는 이미 여섯 편의 훌륭한 논문을 발표했는데, 도무지 빈 자리가 나질 않았다.

그러나 대안이 있었다. 과학 분야는 박사후(포스트닥터) 과정을 해외에서 밟는 좋은 전통이 있었다. 다른 나라 대학에서 이룩한 학문을 배워오고, 외국 과학자들을 폭넓게 사귀는 것은 좋은 일이었다. 페르미는 경쟁자들을 간단히 물리치고 해외 장학금을 받았다. 그래서 1922년에서 1923년으로 넘어가는 겨울 한철을 독일 괴팅겐 대학에서 공부할 수 있게 되었다.

위대한 물리학자 막스 보른(1882~1970)은 이 대학에 이

막스 보른(1882~1970)
블레슬라우 출생의 독일 물리학자. 1921년에 괴팅겐 대학의 교수가 되어 페르미, 오펜하이머, 마이어 등의 젊은 학자들과 함께 양자역학과 핵물리학의 개척에 공헌했다. 특히 행렬역학의 정식화와 파동함수의 통계적 해석으로 유명하다.

론물리학 센터를 세워 박사후 과정을 밟는 해외 학생들을 끌어들이고 있었다. 보른이 보기에 페르미는 아주 총명했고, 독일어도 능통했다. 보른과 그의 아내는 페르미를 친구처럼 대해 주었다. 하지만 그들은 잘 어울리지 못했다. 아마도 페르미가 내성적이고 부끄럼을 많이 탔기 때문일 것이다. 혹은 괴팅겐 대학에 총명하고 젊은 다른 이론물리학자가 여러 명 버티고 있었기 때문인지도 모른다. 그들 가운데 최소한 두 명은 보른 교수와 함께 논문을 쓰고 있었다. 물론 페르미도 논문을 썼지만, 안타깝게도 혼자 써야 했다. 이유가 어쨌든 페르미는 해외에서의 기회를 충분히 이용하지 못한 것 같다.

1922년 10월은 이탈리아의 정권이 완전히 뒤바뀐 때이다. 독재자 무솔리니가 이끈 파시스트가 로마에 입성해 정부를 전복하고 정권을 장악해 버렸다. 이탈리아에서는 파시즘이 횡행했다. 페르미는 이러한 변화가 이탈리아의 민주주의와 과학 발전에 이롭지 않다는 것을 처음부터 잘 알고 있었다. 결국 그는 조국을 떠나게 되지만, 아직은 그럴 때가 아니었다.

페르미는 괴팅겐 대학에서 기회를 잡지 못했지만, 그래도 도약의 기회는 점점 무르익고 있었다. 그는 로마 대학의 물리학부 학장인 오르소 마리오 코르비노와 잘 사귀어 두었다. 페르미가 독일로 가기 전에 두 사람은 여러 번 만난 적이 있었다. 이때 코르비노는 페르미에게 탄복했다. 페르미가 괴팅겐에서 돌아오자, 코르비노는 페르미가

파시즘
1919년 무솔리니가 이끈 국수주의적이고 권위주의적이며 반공적인 정치 운동이다. 이탈리아어 '파쇼(fascio)' 에서 나온 말인데, 파쇼는 원래 '묶음'이라는 뜻이었다가, '결속' 혹은 '단결'을 뜻하는 말로 썼다. 국수적으로 똘똘 뭉치자는 게 파시즘이다.

1923년 가을부터 이듬해 여름까지 한 학년 동안 로마 대학에서 물리학 두 과목을 강의하도록 해주었다. 1924년에는 페르미의 부모가 모두 세상을 떴다. 부모는 아들의 능력이 활짝 꽃피는 것을 보지 못했지만, 그래도 아들을 대견스러워하며 세상을 뜰 수 있었다.

페르미-디랙 통계 이론 창안

페르미는 괴팅겐에 이어서 또 다른 해외 장학금을 받게 되었다. 이번에는 네덜란드의 레이덴 대학으로 갔다. 그는 1924년 가을 동안에 네덜란드의 물리학자 파울 에렌페스트(1880~1933)의 지도를 받았다. 이번에는 소득이 있었다. 이때부터 통계역학에 관심을 갖게 된 페르미는 결국 페르미-디랙 통계로 알려지게 될 훌륭한 이론을 내놓게 되었다. 에렌페스트는 페르미의 특출한 재능을 한눈에 알아보고, 아낌없이 칭찬을 해 주었다. 이제 막 물리학자의 길에 접어든 젊은이에게 칭찬은 큰 힘이 되었다. 에렌페스트는 유럽의 이론물리학자들을 두루 알고 있었기 때문에, 그의 칭찬은 더욱 뜻이 깊었다.

페르미가 1924년 말에 로마로 돌아오자 임시교수 자리가 그를 기다리고 있었다. 이탈리아의 대학 정책을 결정하는 데 영향력이 컸던 코르비노가 힘을 써서, 페르미를 피렌체 대학의 임시교수로 임명케 했던 것이다. 페르미가 피렌체 대학을 특히 좋아했던 것은 그곳에 친구 라세티가 있었

기 때문이다. 라세티는 이미 그곳의 교수가
되어 있었다.

페르미와 라세티는 멋진 팀을 이루었다. 그
들은 실험에 관한 아이디어를 교환했고, 최
근 해외의 물리학 전문지에 실린 기사에 대
해 함께 토론했다. 이론에 대한 토론은 주로
페르미가 이끌었다. 라세티는 창조적인 실험
물리학자로서의 뛰어난 재능을 발휘해서 페
르미의 실험 기술을 한 단계 높여 주었다.

실험물리학자이자 페르
미의 후원자였던 오르
소 마리오 코르비노. 그
는 페르미의 재능을 한
눈에 알아 보고서, 페르
미가 로마 대학 교수가
되도록 도와 주었다.

전파분광학의 탄생

피렌체의 실험실은 새것이었지만 장비가 턱없이 부족했
다. 연구 예산은 한 푼도 없었다. 그런데도 두 사람은 새로
운 실험을 하면서 유감없이 재능을 과시했다. 그들은 시시
각각 세기가 변하는 자기장이 수은등(고압의 수은 증기에 전
류를 흐르게 해서 빛을 내는 램프)에서 방사된 빛에 어떤 영
향을 주는지를 측정했다(오늘날 수많은 가로등은 이런 초기
실험 도구를 실용화시킨 것이다. 수은등은 텅스텐을 사용하는
전등에 비해 발광효율이 훨씬 더 높다). 다른 학자들이 정자기
장(세기가 일정한 자기장)을 이용해서 비슷한 실험을 하긴
했지만, 페르미의 실험은 달랐다. 페르미는 변화하는 자기
장을 이용할 경우에 원자가 그 자기장 속에서 어떻게 변하
는지를 알게 될 거라고 생각했다. 전류 흐름에 자극을 받

은 수은 원자는 정상적인 상태, 즉 '바닥' 상태로 돌아올 때 빛을 방출한다(보통의 경우 원자는 가능한 한 낮은 에너지를 갖는 바닥 상태에 있다. 에너지가 주어지면 원자가 들뜨게 되고, 다시 바닥 상태로 돌아가게 되면 에너지를 방출한다. 이 에너지는 흔히 전자기파 형태로 방출된다).

변화하는 자기장에서 초당 주파수가 1~5메가헤르츠인 전파(전자기파)는 흡수가 되고, 이때 방사되는 빛의 양이 측정할 수 있을 만큼 변할 거라는 점을 페르미는 쉽게 계산해 낼 수 있었다. 그들은 진공관 몇 개를 구해서 손으로 코일을 감아 원하는 주파수의 전파를 만들어 냈다. 실험은 단번에 성공을 거두었다. 장비가 턱없이 부족했고, 이전에 전파 실험을 해본 적도 없었다는 걸 감안하면 이것은 대단한 성공이었다. 게다가 그들의 실험 방법은 전적으로 새로운 것이었다. 이 실험의 성공으로 전파분광학이라는 새로운 분야가 활짝 열리게 되었다. 전파분광학은 전파 흡수를 이용하여 원자·분자·원자핵의 상태를 연구하는 학문이다. 다른 사람 같았으면 이 흥미로운 연구를 더욱 발전시키기 위해 평생을 걸었을지도 모른다. 그러나 페르미와 라세티에게는 이 연구 결과가 그저 또 하나의 멋진 논문거리이자 영구교수직을 얻기 위한 하나의 발판일 뿐이었다.

새로운 이론으로 얻은 명성과 교수직

1925년에 조그마한 대학에서 교수 한 명을 공개채용했다. 실망스럽게도 페르미는 나이 많은 다른 후보에게 밀리고 말았다. 그렇지만 페르미는 실망하거나 의기소침해지지 않고, 곧바로 아주 중요한 이론물리학 논문을 써서 세계적으로 명성을 날리게 되었다. 그 논문은 페르미-디랙 통계로 유명한 것이다. 창조적인 영국 물리학자인 폴 디랙(1902~1984)도 페르미가 그 논문을 쓴 직후에 비슷한 이론을 내놓았다. 두 사람은 모두 업적을 인정받아서 그들이 내놓은 새 이론은 페르미-디랙 통계라 불리게 되었다. 페르미의 이름이 붙은 중요 개념이 많은데, 이것은 그 중에서도 최초로 페르미의 이름이 붙은 개념이다.

1926년에 마침내 돌파구가 생겼다. 코르비노는 대학에서 이론물리학을 계속 얕잡아볼 경우 이탈리아의 미래가 캄캄하다고 확신했다. 그는 획기적인 결단을 내렸다. 로마 대학에서 이론물리학 주임교수를 공개채용한 것이다. 경쟁자 가운데 페르미의 고등학교 친구인 엔리코 페르시코도 포함되어 있었다. 결국 스물여섯 살의 페르미가 교수로 뽑혔다. 뽑히게 된 이유는 다음과 같이 공고되었다.

"페르미는 나이가 매우 젊고, 과학 활동을 한 지 몇 년 되지 않았지만, 이미 이탈리아 물리학의 명예를 드높였다."

페르미는 이제 로마로 돌아가서 누나와 친구들을 다시 만나게 되었다. 그는 이미 가족과 친구들의 기대 이상으로 성공을 거두었다. 그러나 그의 앞길에는 더욱 위대한 일이 기다리고 있었다.

폴 디랙(1902~1984)
영국의 이론 물리학자. 주요 업적은 양자역학과 전자 스핀에 관한 연구이고, 행렬역학과 파동역학의 통일에도 공헌하였다. 디랙 방정식이라는 상대론적 파동 방정식을 세웠고, 1933년에 슈뢰딩거와 함께 노벨 물리학상을 받았다.

페르미(오른쪽), 프란코
라세티(왼쪽), 넬로 카라
라(가운데)
1920년대에 하이킹을
하다가 찍은 사진이다.
페르미는 평생 하이킹
을 즐겼다.

페르미-디랙 통계

페르미-디랙 통계는 원자를 구성하는 전자, 중성자, 양성자, 뉴트리노(중성미자)와 같은 입자들의 속성을 계산하는 방법에 관한 것이다. 이 입자들의 행동 이론을 밝힌 페르미의 선구적 업적을 기려서 이 입자들을 페르미온 (fermion : 페르미 입자)이라고 부른다. 페르미온은 '스핀이 반정수($\frac{1}{2}$의 홀수배) 인 입자'라고도 말한다.

오스트리아의 물리학자 볼프강 파울리(1900~1958)의 '배타원리'에 따르면, 한 원자 내에서 어떠한 두 전자(페르미온)도 동시에 같은 양자수를 가질 수 없다(같은 공간에 동시에 존재할 수 없다). 페르미온은 이러한 파울리의 배타원리가 적용되는 입자들인데, 페르미온의 스핀은 오직 $\frac{1}{2}$, $\frac{3}{2}$, $\frac{5}{2}$ 등의 홀수배일 수밖에 없다. 전자는 핵 둘레의 궤도를 공전하면서 동시에 팽이처럼 자전하는데, 이 자전을 스핀이라고 한다. 공전은 궤도 각운동량, 자전은 스핀 각운동량을 갖는다. 스핀이 $\frac{1}{2}$이라는 것은 각운동량이 플랑크 상수(h)를 2π로 나눈 값의 $\frac{1}{2}$이라는 뜻이다.

페르미 통계는 물리 세계가 어떻게 작용하는가를 아주 잘 설명해 준다. 예를 들어 금속과 반도체가 어떻게 전기를 전도하는가? 열은 어떻게 전도되는가? 어떤 물질은 왜 딱딱한가? 심지어 중성자별 등의 천체가 어떻게 작용하는가도 설명해 준다.

스핀이 0 또는 1, 2, 3 등의 정수인 다른 종류의 입자(예를 들어 빛의 입자인 광자)는 보스-아인슈타인 통계를 따른다. 그런 입자들은 보존(boson : 보스입

볼프강 파울리
오스트리아의 물리학자로서 그의 이름을 딴 '파울리의 배타원리'를 발견했다. 그 원리에 따르면, 두 페르미온이 같은 양자상태에 있을 수 없다(따라서 같은 양자수를 가질 수 없다).

자)이라고 불린다.

보존은 파울리의 배타원리가 적용되지 않아서, 다수의 광자가 동시에 같은 양자상태를 취할 수 있다. 레이저가 가능한 것도 그래서이다.

노벨상으로 가는 길

푸조 승용차에 탄 엔리코 페르미와 아내 로라 페르미
페르미는 승용차와 결혼 가운데 하나만을 선택해야 되는 줄
알았는데, 로라는 페르미의 생각을 바꿔 놓았다.

페르미는 이제 종신직 교수가 되었다. 이건 죽을 때까지 밥벌이 걱정을 하지 않게 되었다는 뜻이다. 안정된 일자리를 얻게 된 페르미는 전에 결심했던 커다란 목표인 이탈리아 물리학의 혁명을 달성하기 위해 매진할 수 있었다.

이탈리아에도 물리학 혁명을

페르미는 유럽 도처에서 이미 진행중인 물리학 혁명을 이탈리아의 교실과 연구 실험실로 끌어들였다. 페르미와 코르비노 교수는 이미 오래 전부터 이탈리아가 진지하게 현대물리학의 발전에 동참하기 위해서는 반드시 그래야만 한다고 생각했다.

코르비노는 페르미야말로 이 일에 적임자라고 판단했다. 페르미는 고전물리학(과거 물리학자들이 잘 발전시킨 역학과 전자기이론)에도 통달했을 뿐만 아니라 가장 최근에 개발된 이론까지도 훤히 알고 있었다. 그는 독일과 영국의 과학지를 탐독했고, 그런 잡지에는 현대물리학에 대한 가장 최근의 발견과 새로 등장한 의문점들이 실려 있었다. 페르미는 이탈리아가 X선과 방사능, 원자와 핵물리학 분야에서 두각을 나타내기를 바랐다.

양자역학이라는 낯선 세계

이론 분야에서 가장 앞서간 것은 양자역학이었다. 양자

역학은 영국의 뉴턴이나 이탈리아의 갈릴레오가 발전시킨 고전역학과는 전혀 다른 새로운 이론이었다. 이탈리아는 물론이고 다른 나라에서도 나이든 물리학자들은 대부분 양자역학을 받아들이지 않았다. 어떤 분야에서든 나이든 사람은 새로운 혁명에 몸을 사리기 십상이다. 물론 페르미는 젊었기 때문에 달랐다. 그는 이 새로운 이론을 적극적으로 받아들였다. 하지만 페르미에게도 새 이론이 때로는 여간 어리둥절한 게 아니었다.

양자역학은 물질의 가장 작은 단위(원자와 핵) 입자의 행동을 다룬다. 너무나 이상야릇한 이 분야를 이해하려면 물질이나 그 움직임에 대한 우리의 일상 경험들을 모두 내동댕이쳐야 한다. 우리가 매일 경험하는 것과는 전혀 딴판이기 때문이다. 원자 규모의 세계에서는 힘과 움직임에 대한 뉴턴의 이론을 포기해야 한다. 뉴턴의 법칙은 야구공과 야구 방망이, 지구 궤도를 도는 달 등과 같은 모든 거시적인 물질의 움직임을 설명할 때에는 잘 맞아떨어진다. 그러나 원자 규모의 미시적인 물질의 움직임에 이르면 도무지 맞질 않는다.

양자역학의 이중성

양자역학의 실험 결과에 의하면 전자 등의 입자들은 때로 물결(파동)처럼 움직이지만, 빛의 물결 즉 광파는 때로 입자처럼 움직였다. 예를 들어 전자는 광파가 보여 주는 것과 비슷한 '간섭무늬'를 나타냈다. 이러한 간섭무늬를 발견한 최초의 실험을 한 사람이 바로 토마스 영이다. 광원에서 나온 빛을 먼저 하나의 슬릿(동전 투입구처럼 세로로 가늘게 벌어진 틈)으로 통과시킨다. 그러면 슬릿 뒤쪽의 스크린에 당연히 한 줄의 빛이 비친다. 이 슬릿을 가리고, 옆에 있는 다른 슬릿 하나에 빛을 통과시킨다. 역시 스크린에 단 한 줄의 빛이 비친다. 이제 두 슬릿을 모두 열어 놓고 빛을 통과시킨다. 대부분의 사람들은 스크린에 두 줄의 빛이 비칠 것이라 예상했지만, 황당하게도 여러 줄의 빛이 비쳤다. 빛이 입자라면 당연히 두 줄의 빛이 비쳐야 하는데도 말이다.

파동에는 골과 마루가 있다. 두 개의 슬릿을 통과한 파동의 마루와 마루, 혹은 골과 골이 만나면 서로 겹쳐져서 빛이 더 밝아진다. 그런데 마루와 골이 만나면 간섭을 일으켜서 파동이 사라져 버린다! 따라서 어두워진다. 이렇게 파동이 겹침으로써 밝은 곳과 어두운 곳이 번갈아 여러 줄로 나타나는 것이 간섭무늬이다. 이처럼 간섭무늬가 나타난다는 것은 곧 빛이 파동일 수밖에 없다는 뜻이다.

또 다른 실험에서는 전자와 중성자 등 다른 입자들도 파동의 성격을 나타낸다는 사실이 밝혀졌다. 이처럼 양자역학에서는 전자도 파동인 동시에 입자라고 말한다. 그건 도무지 이해가 되지 않는 소리였다. 아주 개방적이었던 코르비노조차도 양자역학에서 말하는 파동성과 입자성의 공존이라는 이중적 성격을 좀처럼 받아들일 수가 없었다.

현대물리학의 전파자, 페르미

페르미에게는 나이든 세대가 양자론을 받아들이게 하고, 신세대 물리학자들이 양자의 경이로운 세계를 배우게 한다는 것이 중요한 과제였다. 그는 유럽의 다른 나라에서처럼 현대물리학이 이탈리아 과학의 일부가 되고, 교육과정의 일부가 되어 연구 대상이 되길 바랐다.

페르미는 세 가지 방법을 사용하기로 했다. 후원자인 코르비노는 이것을 묵인하고 그저 방관하기만 했다. 첫째, 페르미는 로마 대학의 대학원생 중 몇 명에게라도 먼저 현대물리학을 가르치기로 했다. 둘째, 새로운 물리학 실험과 연구 계획을 추진하기로 했다. 셋째, 물리학 혁명을 널리 보급하기로 했다. 즉 대중에게 강의를 하고, 신문에 글을 싣고, 나아가서 이탈리아에서 처음으로 현대 원자물리학에 관한 교재를 만들기로 했다.

페르미는 교재를 만드는 일부터 달려들었다. 그래서 교수가 된 첫 해 여름에 『원자물리학 소개』라는 책을 완성했다. 세그레는 『물리학자, 엔리코 페르미』라는 전기에서 페르미가 어떻게 이 책을 썼는지에 대한 놀라운 얘기를 들려준다. 페르미는 방학 동안 이탈리아 동북부의 돌로미티케 산맥 휴양지에 드러누워, 깊은 지식과 뛰어난 기억력만으로 이 책을 썼다. 그런데 원고에는 고친 곳이 단 한 군데도 없었다. 원고를 연필로 썼지만, "이탈리아 연필에는 지우개가 붙어 있지 않다"고 세그레는 강조했다. 이 교재는 이

「원자물리학 소개」
페르미는 이 책을 써서
이탈리아에 현대물리학
을 널리 알렸다.

듬해에 출간되었다.

동지들을 불러 모으다

대학원생을 뽑는 일은 책을 쓰는 일보다 더 어려웠다. 코르비노는 공학을 전공하는 자기 제자들에게 지원하라고 권했다. 그 가운데 딱 한 명만 공학을 포기하고 페르미에게 배우러 왔다. 에두아르도 아말디라는 학생이었는데, 그는 선구적인 이탈리아 수학자인 아버지를 통해 전부터 페르미를 잘 알고 있었다. 한편, 몇 년 전에 페르미의 강의를 들은 적이 있는 세그레도 그에게 설득을 당해서 공학을 포기하고 물리학을 배우게 되었다. 학교 행정에 유능했던 코르비노는 이처럼 과감하게 전공을 바꾸는 일을 허락해 주었다. 아말디와 세그레는 페르미에게 배우며 함께 연구를 했고, 나중에는 그들도 교수가 되었다.

페르미는 원자물리학 실험 계획을 추진해 줄 적임자를 이미 알고 있었다. 피사 대학 시절의 친구였던 프랑코 라세티가 바로 그 사람이었다. 그들은 박사후 과정 연구자로서 피렌체 대학 실험실에서 함께 연구를 한 적도 있었다. 라세티는 페르미가 떠난 후에도 피렌체 대학에 계속 남아 있었다.

코르비노는 이번에도 다시 페르미를 도와 주었다. 그는 1927년 초에 라세티를 로마 대학의 교수로 임명했다. 그것은 훌륭한 선택이었다. 페르미와 라세티는 절친한 친구

였을 뿐만 아니라 중요한 지적 동반자이기도 했다. 전처럼 페르미는 라세티에게 새로운 양자론을 가르쳐 주었고, 라세티는 페르미의 실험을 도와주었다.

학자로서, 교수로서 보여 준 모범

교수인 페르미와 라세티, 제자인 아말디와 세그레가 한 팀을 이루어 마침내 현대물리학 연구가 시작되었다. 곧이어 다른 사람들도 동참했다. 페르미에게 현대물리학과 전기학 강의를 들은 학생들이 참여한 것이다. 매주 페르미는 연구실에서 비공식 세미나를 열었다. 세미나는 교수가 자신의 지식과 생각을 널리 알리는 훌륭한 방법인데, 페르미는 세미나를 하는 데에도 재능이 있었다.

세미나 내용은 미리 정하지 않았다. 누군가 흥미로운 주제에 대해 질문을 하면 그게 바로 세미나 내용이 되었다. 페르미는 물리학을 두루 알고 있어서 어떤 주제가 되었든 간에 알기 쉽게 척척 얘기해 줄 수 있었다.

페르미는 자기가 하려는 연구를 제자들과 함께 하는 경우가 많았다. 세그레가 쓴 전기를 보면 페르미는 "웅변적인 모범"을 보였다. 그래서 페르미처럼 학생들은 물리학에 열정을 갖게 되었고, 아무리 힘든 일도 마다하는 법이 없었다. 대학원생은 자기 교수의 인간성을 닮는다는 말이 있다. 그런 점에서 페르미야말로 특히 모범이 되는 사람이었다.

로라의 마음을 사로잡은 페르미

　그렇다고 페르미가 줄곧 연구만 한 것은 아니었다. 페르미와 라세티는 계속 하이킹과 운동경기를 즐겼다. 그리고 둘 다 승용차를 샀다. 페르미는 연노랑의 작은 푸조 승용차를 사서 '아기 푸조'라고 이름 붙였다. 이 차는 걸핏하면 망가졌다. 그러나 페르미는 무슨 수를 쓰든 차가 계속 달릴 수 있도록 고쳐 놓았다. 차를 고치면서도 그는 독창적인 실험 정신을 과시했다. 한번은 자신의 허리띠를 빼서 망가진 팬 벨트 대용으로 사용한 적도 있었다.

　페르미와 라세티는 다른 친구들과 함께 차를 몰고 로마 시내를 벗어나 시골길을 달리곤 했다. 그들 가운데 로라 카폰이라는 여자가 있었는데, 그녀는 로마 대학의 학생이었다. 페르미와 로라가 처음 만난 것은 1924년 봄 어느 일요일이었다. 이때 로라는 열여섯 살, 페르미는 스물네 살이었다. 페르미는 로라의 친구들과 함께 전차를 타고 교외로 놀러갔고, 단번에 로라의 마음을 사로잡았다. 솔선수범하고 잘 웃으며 허물없이 대하는 그의 성격에 로라가 반했던 것이다.

　이날 그들은 교외에서 축구를 했는데, 페르미는 난생 처음 축구를 해보는 로라에게 자기 팀 골키퍼를 시켰다. 신발 밑창이 뜯어지는 바람에 페르미가 넘어진 사이에 하마터면 골을 먹을 뻔했다. 그러나 로라가 선방을 한 덕분에 게임을 이길 수 있었다. 『가족 원자들』이라는 회고록에 로라는 이렇게 썼다.

"엔리코 페르미와 함께 오후를 보낸 것은 그때가 처음이었다. 그때는 내가 그이보다 뭔가를 잘한 유일한 순간이기도 했다."

우연한 재회와 사랑의 결실

그후 그들이 다시 만난 것은 2년 남짓 지나서였다. 그들은 1926년 7월 돌로미티케 산맥의 휴양지에서 우연히 마주쳤다. 때마침 로라의 부모가 그곳에서 휴가를 보내는 중이었고, 페르미는 로마 대학의 교수가 되기 직전에 여름을 보내기 위해 그곳에 왔다. 이때 페르미는 솔선해서 하이킹 팀을 조직했다. 로라는 이렇게 썼다.

"그이는 첫눈에 우리 엄마의 마음을 사로잡았다. 그래서 나는 여러 차례 그이가 계획한 소풍을 함께 가도 좋다는 허락을 받을 수 있었다." 당시에 열아홉 살 먹은 처녀가 그렇게 돌아다니는 건 쉬운 일이 아니었는데도 말이다.

그때부터 일은 척척 풀려갔다. 페르미가 로마에 자리를 잡은 후, 그들은 친구 집에서 자주 만났다. 로라는 결혼을 하지 않고 직장 생활을 하려고 했다. 페르미는 아내감에 대해 원하는 게 많았고, 로라는 그걸 감당할 수 없었다. 페르미는 또 푸조 승용차와 아내를 둘 다 가질 여유가 없다고 생각했다. 그러나 그 모든 게 사랑의 마법 앞에서는 무릎을 꿇지 않을 수 없었다. 페르미는 승용차와 아내를 둘

**페르미(앞줄 가운데)와
로라 카폰(꽃을 든 여자)
의 결혼식**
해군 제복을 입은 사람
은 로라의 아버지이고,
그 옆에 있는 사람은
코르비노이다.

다 얻었다. 실은 그녀에게 구애를 하는 데 푸조 승용차가 도움이 되었다. 로라는 1928년 7월 19일에 페르미 부인이 되었다. 우습게도 페르미 교수는 결혼식에 지각했다. 새 양복 소매가 8센티미터나 길어서, 그걸 접어서 기우느라고 늦었던 것이다.

페르미 부부는 두 아이를 낳았다. 첫딸 넬라는 1931년 1월에 태어났고, 아들 줄리오는 1936년 2월에 태어났다. 페르미가 아기 넬라를 아주 조심스럽게 안고 있는 가족 사진이 있는데, 그걸 보면 젊은 아버지로서의 자신감이 물리학자로서의 자신감에는 미치지 못했던 것 같다.

물리학에 대한 예리한 통찰력

페르미는 무엇보다도 물리학을 사랑했고, 세미나를 통해 자기가 아는 것을 제자들에게 가르쳐 주길 좋아했다. 세미나에서 가장 자주 등장한 주제는 새로운 파동역학에 관한 것이었다. 파동역학은 페르미가 로마에 오기 직전(1926년)에, 오스트리아의 물리학자 에르빈 슈뢰딩거(1887~1961)가 발표한 양자역학의 한 이론이다.

슈뢰딩거는 양자론의 기초 아이디어(한 입자의 위치와 속도는 동시에 확정될 수 없다)를 수학 방정식으로 표현해 냈다. 궤도를 도는 행성의 위치와 속도는 뉴턴 역학으로 동시에 확정할 수 있다. 그러나 미시적인 규모의 세계에서는 입자의 위치를 더 정확히 알수록 속도는 불확실해진다(속

오스트리아의 이론물리
학자 에르빈 슈뢰딩거
(마흔여섯 살 무렵)
슈뢰딩거는 원자 수준
의 움직임을 나타내는
파동역학 방정식을 만
들어 냈다.

도를 알면 위치를 모르게 된다). 고전물리학자에게는 이런 것이 너무나 어리둥절했다.

슈뢰딩거의 파동방정식으로 얻은 파동함수는 주어진 조건 속의 한 입자가 특정 장소에서 발견될 수 있는 확률을 나타내 준다. 전자, 양성자, 중성자 등 미시 세계의 상태는 이처럼 확률로 나타낼 수밖에 없다. 페르미는 슈뢰딩거의 방식을 아주 좋아했다. 그는 파동역학을 확대하여 적용한 여러 편의 논문을 재빨리 정열적으로 발표했다.

페르미는 물리학이 애매하지 않고 항상 명명백백하길 바랐다. 로마에서 페르미와 함께 지냈고, 둘 다 미국으로 망명한 후에도 친하게 지낸 한스 베테(1906~)는 페르미가 "수학적 복잡함과 불필요한 형식주의를 깨뜨리고", 물리학의 핵심을 드러내 해결한 것에 찬사를 보내는 글을 쓰기도 했다. 수학보다는 실제 핵심에 초점을 맞추는 그런 능력은 다른 수많은 이론가들에게서는 찾아보기 힘든 것이다.

대부분의 이론가들은 직관적이기보다는 형식적인 접근 방법을 사용한다. 그들은 맞닥뜨린 문제를 서술하는 방정식을 일단 만든 후 그걸 먼저 푼다. 그런 다음에야 비로소 방정식의 답 속에 포함된 물리학에 대해 생각하기 시작한다. 그래서 학교에서도 물리학보다 수학을 앞세운다. 학교의 교재와 강좌도 '이론물리학의 방법'과 같은 것들로만 이루어져 있다. 그런 것들도 나름대로 필요하고, 사실 중요한 것이기도 하다. 그러나 페르미는 그런 접근법을 좋아하지 않았다. 그가 수학에 서툰 것은 결코 아니었다. 사실 그는 수학을 아주 잘했다. 그러나 그는 비록 정확성이 떨어진 답을 얻거나 지나치게 단순화시킬 위험을 무릅쓰더라도 수학적인 절차를 초월해 물리학의 정곡을 짚어 내는 데 재능이 있었다. 페르미는 실제적이었고, 실용적이었다. 그래서 다음 세대의 물리학자들까지도 그의 단도직입적인 통찰에 탄복하며 고마워할 정도이다.

개인적인 명예와 성공을 넘어서

페르미는 개인적인 성공 이상의 것을 추구하고 있었다. 그는 이제까지 성취한 것만으로도 이미 충분한 명예가 보장되어 있었다. 이제 그는 물리학 학교를 세워서 이탈리아를 세계에서 으뜸가는 나라로 만들고 싶었다. 그것은 곧 로마 대학 물리학부의 연구 능력을 키워야 한다는 뜻이기도 했다. 바로 그 이유 때문에 페르미는 동료 연구자들을 해외로 보내서 고등 실험기술을 배워 오도록 했다. 라세티는 캘리포니아 공대로 가서 로버트 밀리컨(1868~1953)과 함께 연구했다. 밀리컨은 최초로 단일 전자의 기본 전하량을 측정하는 등의 공로로 1923년에 노벨 물리학상을 받은 사람이다. 그 후 라세티는 물리학자 리제 마이드너(1878~1968)가 있는 베를린 대학으로 가서 방사능 연구 기법을 배웠다. 방사능을 다루는 전문기술이 필요했던 페르미의 연구팀에게 이것은 매우 뜻깊은 일이었다.

세그레와 아말디도 유럽의 여러 실험실에 가서 빛과 X선을 연구하는 고등기법에 대한 지식을 넓혔다. 페르미 자신은 1930년 여름에 미국 미시건 대학에서 강의를 했다. 그가 미국에 간 것은 이때가 처음이었다. 페르미가 영국과 미국의 잡지를 읽거나, 로마에 찾아온 영어 사용자와 대화를 하면서 영어를 배워 둔 것이 강의를 하는 데 큰 도움이 되었다. 그는 1935년에 다시 강의를 해달라는 초대를 받았다.

페르미의 노력은 곧 빛을 보았다. 페르미를 비롯한 이탈리아의 물리학자들과 로마 대학의 명성은 날이 갈수록 높아졌다. 그리고 세계 여러 나라에 많은 친구도 생겼다. 1930년대 초부터 세계 일류의 이론물리학자들은 페르미와 얘기를 나누는 것이 아주 유익하다는 것을 알게 되었다. 이 무렵 페르미는 세계 최고의 물리학자 반열에 올라서 노벨 물리학상까지 받을 수 있는 획기적인 도약을 하게 되었다.

뉴트리노의 존재를 증명한 페르미

페르미가 노벨상의 영광에 이르는 길에는 작은 걸림돌이 있었다. 그가 영국의 세계적인 과학잡지인 《네이처》지의 편집자에게 보낸 논문이 거절된 것이다. 그런 편집자들은 아이디어의 문지기라고 할 수 있다. 그들은 전문가들의 자문을 받아서 논문을 실어 줄 것인지 말 것인지를 결정한다. 1933년에 페르미는 베타 붕괴를 설명하는 논문을 썼다. 베타 붕괴는 불안정한 원자의 핵이 자발적으로 베타 입자(전자)를 방출하는 것인데, 그 논문은 이때 어떤 일이 일어나는가를 설명한 것이다. 그 설명을 위해서는 새로운 중성의 소립자가 존재해야만 했다. 페르미는 그것에 중성미자(뉴트리노)라는 이름을 붙였다(뉴트리노는 이탈리아어로 '작은 중성적인 것'이라는 뜻이다). 원자핵이 베타 붕괴를 할 때 에너지 및 각운동량 보존법칙이 성립되려면, 베타 입자(전자)와 함께 또 다른 것이 방출되어야 한다. 1931년에 볼프강 파울리가 이 중성미자의 존재를 예언한 가설을 세웠는데, 페르미가 이것을 완성시켜 양자역학의 한 이론으로 만들게 된 것이다.

페르미의 논문을 본 《네이처》지의 편집자는 그것을 '헛소리'라고 생각해서 실어 주지 않았다(편집자는 "물리적 현실과는 동떨어진 추상적인 생각"이라고 점잖게 말했지만, 사실상 그건 '헛소리'라는 뜻이다). 페르미는 베타 붕괴 이론을 다른 잡지에 발표했고, 결국 그의 이론이 옳다는 게 입증되었다. 페르미는 이 이론만으로도 너끈히 노벨상을 받을 수 있었지만, 얼마 후 훨씬 더 중요한 업적을 이루었다.

원자핵의 정체를 밝힌 사람들

1930년대 초에 이룩된 두 가지 과학적 발전은 물리학자들에게 크나큰 도전 기회를 제공했고, 페르미는 이 기회를

각운동량
물체의 회전운동의 세기를 나타내는 양. 회전체 각 부분의 운동량(속도 질량)과 회전축으로부터의 거리를 곱한 것이 각운동량이다. 예를 들어, 질량 m인 돌을 길이 l인 실 끝에 매달아 v라는 속도로 돌렸을 때, 이 돌의 각운동량은 mvl이다. 외부로부터 회전력이 작용하지 않는 한, 회전체의 각운동량은 항상 일정하게 보존된다.

놓치지 않고 열정적으로 탐구했다. 페르미가 뛰어든 새로운 연구 분야는 원자핵 실험 분야였다. 1911년에 영국의 물리학자 어니스트 러더퍼드(1871~1937)는 알파 입자 산란실험을 해서, 모든 원자의 중앙에 양전하를 띤 핵이 존재한다는 사실을 밝혀 냈다(제1장 참고).

러더퍼드의 실험으로 원자핵이 존재한다는 것을 비로소 알게 되었지만, 핵의 정체는 아직도 오리무중이었다. 핵 안에는 대체 무엇이 있을까? 핵은 대체 무엇으로 이루어져 있을까?

곧이어 퀴리 부부의 딸인 이렌 졸리오-퀴리(1897~1956)와 사위인 프레데리크 졸리오-퀴리(1900~1958)가 또 다른 원자 충돌 실험을 했다. 그들은 1928년경에 알파 입자로 충돌시킨 붕소에서 투과광선(인공방사능)을 발견했다. 그들은 이 투과광선이 감마선(X선과 비슷한 전자기파)인 줄 잘못 알았다. 1932년에 러더퍼드의 실험실에서 제임스 채드윅(1891~1974)은 이 투과광선이 감마선이 아니라 중성의 소립자라는 것을 밝혀 내고, 이것에 중성자라는 이름을 붙여 주었다. 채드윅이 이것을 밝혀 내기 전까지, 물리학자들은 원자의 핵이 양성자와 전자로 이루어져 있다고 생각했다. 채드윅은 핵 속에 전자가 없다는 사실을 입증했다. 전기적으로 중성인 중성자라는 입자가 양전하를 띤 양성자와 결합해 있다는 것을 밝혀 낸 것이다. 수소를 제외한 모든 원자의 핵은 바로 이 양성자와 중성자로 이루어져 있다. 원자핵을 이루고 있는 양성자와 중성자를 합쳐서 핵

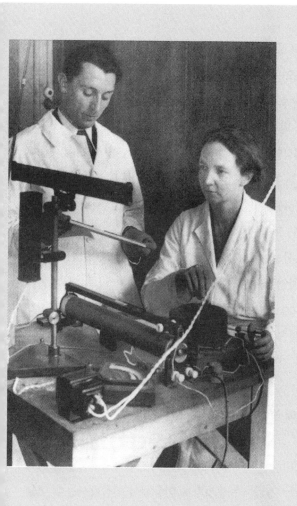

이렌 졸리오-퀴리와 남편 프레데리크 졸리오-퀴리가 실험하는 모습 졸리오-퀴리 부부는 중성자를 발견해 내진 못했지만, 인공방사능 발견으로 노벨상을 받았다.

자(核子: nucleon)라고 한다.

졸리오-퀴리 부부는 붕소와 알루미늄, 마그네슘 등 방사성 원소가 아닌 원소에 알파 입자를 충돌시켜서 인공방사능을 발견한 공로로 1935년에 노벨 화학상을 받았다(화학적 변화와 생리적 과정을 추적하는 데 인공방사능을 사용할 수 있다는 사실이 밝혀짐으로써 화학상을 받은 것이다). 그들이 인공방사능을 발견하기 이전에는, 무거운 원소인 우라늄과 라듐, 토륨 등의 원자핵이 붕괴하는 과정에서 나타나는 천연방사능에 대해서만 알고 있었다. 특히 라듐과 폴로늄 등의 천연방사성 원소를 발견한 사람이 바로 마리 퀴리(1867~1934)였다. 방사능(방사성)이라는 말도 마리 퀴리가 만든 것이다. 그런데 이제 '인공방사능'이 발견됨으로써 과학의 지평은 한층 더 넓어지게 되었다.

페르미의 끈질기고 체계적인 실험 정신

페르미는 이 두 가지 발견물(중성자와 인공방사능)을 하나로 결합시켰다. 즉 중성자를 이용해서 인공방사능을 만들어 낸 것이다. 원자핵은 양전하를 띤 알파 입자를 밀어 낸다. 양성자도 양전하를 띠고 있어서 전기적 발발을 일으키기 때문이다. 그런데 중성자는 전기적으로 중성이어서 과녁인 핵 속으로 투과시키기가 훨씬 더 쉽다.

페르미는 중성자를 얻기 위해 베릴륨 가루와 라돈 가스를 담은 유리관을 사용했다. 천연방사성 원소인 라돈에서 방출되는 알파 입자는 베릴륨 핵과 충돌해서 중성자를 방출시킨다. 페르미는 이 중성자로 과녁 원자를 때렸다. 아주 체계적인 탐구자인 페르미는 먼저 수소 원자를 과녁으로 사용했다. 원소 주기율표에서 수소는 가장 가벼운 원소(원자번호 1)이다. 수소 원자에서는 인공방사능이 방출되지 않았다. 주기율표에서 차례로 더 무거운 원소를 과녁으로 삼아 실험을 해 보았지만 번번이 실패했다. 하지만 페르미는 끈질기게 실험을 계속했다. 불소(원자번호 9)에 이르자 마침내 변화가 나타났다. 중성자로 때린 불소의 원자핵에서 알파 입자가 방출되면서 불소는 방사능을 지닌 질소(원자번호 7)로 바뀌었다(2개의 양성자와 2개의 중성자로 이루어진 알파 입자가 방출되면 당연히 원자번호 2가 감소해서 불소는 질소가 된다). 페르미는 가이거 계수기를 사용해서 방사성 질소에서 방출된 '베타선', 즉 전자의 수를 셌다. 중성자와 충돌시킨 알루미늄(원자번호 13)도 방사능을 방출했다.

지상에 없는 물질을 새로 창조하다

실험자들은 중성자 포격으로 새롭게 만들어진 핵의 인공방사능을 측정했다. 어떤 원소는 인공방사능이 약했고, 어떤 원소의 핵은 아주 빠르게 붕괴해서 방사능이 재빨리 사라져 버렸다. 어느 경우든 방출된 방사능의 수를 세는 것이 중요했다. 항상 그랬듯이 페르미는 경쟁적으로 이런 실험을 재빨리 해냈다.

페르미는 「중성자 포격으로 유도된 방사능 I」이라는 제목의 논문을 재빨리 발표했다. 'I'을 덧붙인 것은 자기가 가장 선두에 있다는 것을 알고 있었기 때문이다. 그는 같은 실험을 한 수많은 논문이 곧 쏟아져 나올 거라는 사실도 알고 있었다. 페르미와 라세티, 세그레, 아말디로 이루어진 연구팀은 신속하게 체계적으로 실험을 하여 유도된 방사능을 찾아 내고, 새로 만들어 낸 방사성 원소를 화학적으로 분류했다. 또한 방출된 입자의 유형과 에너지를 측정하고, 인공방사능이 얼마나 빨리 감소하는지도 측정했다(이것을 반감기라고 한다. 원자번호가 방사성 붕괴에 의해 원래의 반으로 줄어드는 데 걸리는 시간이 곧 반감기이다). 그들은 철, 인, 바나듐, 우라늄 등 모든 원소를 측정했다.

이런 연구는 정말 새로우면서도 매우 생산적이었다. 그러나 체계적으로 면밀한 실험을 하는 데에는 무려 4년이나 걸렸다. 페르미의 연구팀은 해당 분야의 논문을 10편이나 냈고, 관련 분야의 논문은 더욱 많이 써낼 수 있었다. 오늘날 이 논문들을 읽어 보면, 그들이 얼마나 맹렬히 서둘러 실험했는지를 여실히 느낄 수 있다. 논문의 언어는 사실만을 기술했고, 데이터는 질서정연하게 과학적으로 제시되어 있다. 하지만 페르미와 동료들이 얼마나 신명나게 실험을 했는지도 느낄 수 있다. 그들은 개척자였고 탐험가였다. 19세기 초에 미국의 드넓은 땅을 탐험한 루이스와 클라크처럼 그들은 핵의 세계를 탐험했다. 나아가서 그들은 신세계를 창조하고 있었다. 그들의 실험실에서 만들어진 방사성 핵은 정상 조건의 지구에서는 존재하지 않는 것이었다. 그 결과 인류는 처음으로 이 세계에 존재하지 않는 물질을 창조해 내게 되었다!

느린 중성자의 발견

이와 더불어 또 다른 획기적인 진전이 이루어졌다. 페르미의 연구팀은 중성자에 관한 연구를 하는 동안 이런 가정을 세웠다. 즉 더 빠르고 더 큰 에너지의 중성자를 사용하면 느린 중성자보다 훨씬 더 효과적인 반응을 일으킬 수 있을 거라고 생각했다. 그것은 아주 합리적인 가정이었다. 속도가 더 빠르고 에너지가 더 크면, 과녁 핵을 때려서 새로운 방사성 핵을 만들어 낼 확률도 더 높아진다. 그러나 대자연은 정말 경이로웠다. 그 정반대였던 것이다. 더 느린 중성자가 더 효과적이었다. 그들은 자신들의 가정과는 전혀 다른 곤혹스러운 실험 결과를 수없이 얻은 후에야 그런 경이로운 사실을 확실히 알아 내게 되었다.

처음에 그들은 유도된 방사능의 양이 중성자의 조건에 따라 달라진다는 것을 알아차리기 시작했다. 그 수수께끼에 대해 함께 연구한 세그레는 이렇게 말했다.

"특히 어떤 나무 테이블은 경이로운 속성을 지니고 있었다. 대리석 테이블보다 나무 테이블 위에서 실험한 은이 훨씬 더 활동적이었다."

오늘날 우리는 나무 테이블이 중성자의 속도를 늦추기

때문에 그런 효과가 발생했다는 것을 알고 있다. 그러나 당시에는 그걸 아직 모르고 있었다.

세그레와 아말디는 그 이유를 알아 내기 위해 체계적인 탐구를 하기 시작했다. 그들은 작은 납 용기를 사용해서 그 안에 중성자를 발사하는 장치를 집어 넣었다(그들은 실험이 '체계적'이길 원했기 때문에 중성자 발사 조건을 표준화하려고 했다). 페르미도 비슷한 방법을 생각하고 있었다. 그는 중성자 방출원과 과녁 사이에 쐐기 모양의 납 조각을 놓아 두려고 했다. 그러나 무의식적인 직감이 작용해서, 페르미는 납 조각 대신 파라핀(양초의 재료) 조각을 놓아 두었다. 그러자 모든 것이 달라졌다. 유도된 방사능의 양이 훨씬 더 많아졌던 것이다. 가이거 계수기는 전에 없이 요란한 소리를 냈다(이 계수기는 방사성 물질이 붕괴할 때마다 탁탁거리는 소리를 낸다). 유도된 방사능은 10배에서 100배까지 증가했다. 이리하여 느린 중성자를 발견하게 되었는데, 페르미는 이것을 "내 평생 가장 중요한 발견"이라고 일컬었다. 이 발견은 이후의 연구에서도 핵심적인 역할을 하게 된다.

느린 중성자의 느리지 않은 산란 효과

실험이 계속되자 유도된 방사능의 양이 증가한 이유가 분명해졌다. 파라핀(혹은 나무 테이블) 속에서 수소 원자와 충돌하면서 중성자의 속도가 느려졌던 것이다. 수소 원자의 핵은 중성자와 질량이 거의 똑같다. 그래서 중성자가 수소 원자와 충돌하면, 수소 원자는 중성자의 에너지를 잔뜩 빼앗아간다. 하나의 당구공이 다른 당구공에 충돌했을 때처럼. 그러나 중성자가 자기보다 더 무거운 핵을 때릴 경우에는, 에너지를 전혀 잃지 않고 퉁겨나간다. 마치 테두리 쿠션에 맞은 당구공처럼. 그래서 수소 원자와 충돌한 중성자는 느린 중성자가 되어 빠른 중성자보다 훨씬 더 많은 방사능을 유도하게 된다.

로라 페르미가 애정을 가지고 쓴 『가족 원자들』이라는 전기에는 물도 중성자를 느리게 하는 매개물로 작용할 수 있는지 알아 보기 위해 연구팀이 얼마나 애썼는지가 생생히 증언되어 있다. 그들은 실험실 뒤에 있던 코르비노 교수의 정원에 있는 금붕어 연못을 이용했다.

10월 22일 어느 날 오후에 그들은 중성자 방출원과 은 실린더(과녁)를 가지고 연못으로 뛰어가서 물 속에 그것을 설치했다. 금붕어는 중성자로 샤워를 하면서도 바깥에서 호들갑을 떠는 사람들보다 훨씬 더 품위 있게 굴었을 게 분명하다. 실험을 마친 남자들은 흥분의 도가니에 빠졌다. 페르미의 이론이 옳았다. 물도 은의 인공방사능을 몇 배로 증가시켰다.

느린 중성자가 강력한 효과를 지녔다는 발견 덕분에 연구팀의 생산성은 그 효과만큼 더욱 높아졌다. 그들은 1934년 말까지 중성자에 관해 적어도 25편이 넘는 논문을 발표했다. 1935년 2월 무렵에 페르미와 동료들은 그 동안의 모든 연구를 요약해서 영국 자연과학 협회의 잡지인 왕립학회 회보에 발표할 수 있었다. 그 안에는 중성자 물리학의 기초가 된 수많은 내용이 담겨 있다. 예를 들어 페르미는 어째서 느린 중성자가 상대적으로 쉽게 납을 투과하는지, 어째서 카드뮴과 붕소의 아주 얇은 층은 통과하지 못하고 흡수되어 버리는지를 입증했다. 또 페르미는 어떻게 중성자가 파라핀과 같은 물질 속에서는 속도가 느려져서 산란해 버리는지를 최초로 이론화했다. 이제 중성자에 대해 페르미만큼 많이 아는 사람이 없었다.

코르비노의 제안에 따라 페르미와 동료들은 느린 중성자 사용 특허를 신청했다. 이 특허는 방사성 원자 생산물과 느린 중성자로 그것의 생산을 높이는 것에 관한 것이었다. 핵력 분야에서 이루어진 성취물들은 대부분 이 특허를 밑바탕으로 한 것이다. 1953년에 많은 법적 논쟁을 거친 후 미국 정부는 40만 달러에 이르는 특허료를 지불해야 했다. 경비를 뺀 페르미의 몫은 2만 4,000달러였는데, 다른 동료들도 똑같은 금액을 받았다.

노벨상 수상과 망명 결심

페르미는 마침내 물리학의 최고상이라 할 수 있는 노벨 물리학상을 받게 되었다. 1938년 가을에 코펜하겐의 과학 회의의 부탁으로 위대한 덴마크의 물리학자 닐스 보어(1885~1962)가 페르미를 찾아갔다. 보어는 페르미에게 노벨상을 주면 받을 수 있겠느냐고 물었다. 그처럼 미리 물어본 것은 독일과 이탈리아의 파시스트 정부가 일부 노벨상 후보자에게 수상을 금지시킨 적이 있었기 때문이다.

페르미는 물론 노벨상을 받을 수 있다고 보어에게 장담했다. 사실 그는 이미 이탈리아를 떠날 계획을 세우고 있었다. 무솔리니가 나치 독일의 히틀러가 만든 인종차별법을 흉내 내고 있었기 때문이다. 그 법은 아리아인이 아닌 과학자, 특히 유대인의 자유를 제한했다. 페르미의 아내는 유대인이었다. 페르미는 그런 인종차별법 때문에라도 이탈리아를 떠나기로 결심했다. 지난 10년 동안 여름 방학 때 여러 차례 미국 대학에 가서 강의하면서 페르미는 미국에 가서 살고 싶은 마음이 점점 커졌다. 미국은 자유로웠기 때문이다. 사실 그는 미국 대학에서 강의를 하며 연구해 달라는 초대를 여러 차례 받아왔고, 이미 그것을 수락한 상태였다(이탈리아 당국에서는 그가 여섯 달 동안만 가 있는 줄 알았다). 그는 스톡홀름에서 노벨상을 받자마자 미국으로 직행하기로 마음먹었다.

그 동안의 준비는 헛되지 않았다. 1938년 11월 10일 이른 아침, 페르미 부부는 스톡홀름에서 그날 저녁 전화가 올 거라는 소식을 들었다. 페르미는 그날 출근하지 않고 아내와 함께 외출해서 몇 가지 귀중품과 시계를 샀다. 그건 이탈리아 세관에서 페르미 부부가 여행을 떠나는 거라고 생각하며 무사히 통과시켜 줄 만한 물건이었다. 페르미 부부는 저녁에 스톡홀름에서 걸려 올 전화를 기다리며 라

1933년 런던의 난민
지원기금 회의에 참석
한 알베르트 아인슈타
인(왼쪽에서 두 번째)
나치의 인종차별법과
박해 때문에 수많은 과
학자들이 해외로 망명
을 했다.

디오를 들었다. 유대인들에게 더욱 가혹한 조치가 취해졌다는 뉴스가 전해졌다. 유대인 어린이들은 공립학교에서 쫓겨났고, 유대인 교사는 해고되었다. 잔혹하고 어리석은 인종차별법이 더욱 강화된 것이다. 그때 전화가 걸려 왔다. 스웨덴 과학 아카데미의 비서가 발표문을 읽어 주었다. 페르미가 단독으로 노벨 물리학상을 수상하게 되었다는 내용이었다. 다른 때와는 달리 공동 수상이 아니었다. 곧 친구들이 도착해서 축하 인사를 했고, 라디오의 가혹한 뉴스도 잠시 잊을 수 있었다.

스웨덴의 구스타프 5세 왕은 노벨의 사망일인 12월 10일에 맞추어 페르미에게 노벨상을 수여했다. 문학상 시상식도 이날 함께 있었는데, 미국의 소설가 펄 벅이 노벨 문학상을 받았다. 스웨덴 아카데미 회원들과 과거의 수상자들, 과학계의 명사들, 정부 요인들과 외교관들이 참석한 가운데 노벨상 시상식이 장엄하게 치러졌다. 식장에 참석한 중요 인물들이 모두 점잖은 옷을 입었기 때문에 페르미도 마지못해 정장 차림을 했다. 그가 이처럼 정장 차림을 한 것은 평생 몇 번 되지 않는다. 이탈리아 정부는 그가 파시스트처럼 경례하기를 기대했다. 왕에게 상을 받을 때, 꼿꼿하게 서서 한 팔을 쭉 뻗는 경례를 하길 바란 것이다. 그러나 파시스트를 너무나 싫어한 페르미는 그렇게 할 생각이 없었다. 그는 그저 왕과 악수만 했다. 이탈리아의 여러 신문은 앙갚음을 하듯이 그의 노벨상을 깎아 내렸다. 내용을 인용하면 다음과 같다.

중성자 포격으로 유도된 새로운 방사성 원소를 확인하고, 느린 중성자가 일으키는 핵반응과 관련된 발견을 한 덕분에 노벨상을 받았다.

자유를 찾아 미국으로

페르미가 노벨상을 받은 것은 중성자 물리학이라는 엄청난 새 분야를 개척했기 때문이다. 페르미는 노벨상의 전통에 따라 수상 연설을 하면서 자기가 어떤 연구를 했는지 밝혔고, 공동 연구자들에게 공을 돌렸다.

나중에 출판된 연설 원고의 흥미로운 각주에서 페르미는, 오토 한과 프리츠 슈트라스만이 1938년에 핵분열을 발견한 결과, "초우라늄 원소에 대해 재검토를 하는 게 필요"하다는 것을 시인했다(이 발견의 결과는 페르미가 노벨상을 받고 수상 연설을 한 후에 발표되었다). 페르미는 그 점에서 실수를 했다. 그는 중성자로 우라늄을 포격해서 관찰한 방사능이 주기율표 상에서 우라늄보다 원자번호가 더 큰 원소에서 나오는 것인 줄 알았다. 그는 중성자가 우라늄 원자를 쪼갤 수 있다는 것을 미처 알아차리지 못하고 말았던 것이다. 사실 그의 연구팀이 관찰한 방사능은 우라늄 핵분열의 산물이었다.

핵분열에 대해 아직 모르는 상태에서 페르미와 그의 가족은 스웨덴에서 배를 타고 대서양을 횡단해서 뉴욕으로 건너갔다. 그들은 1939년 1월 2일에 뉴욕에 도착해서 새로운 인생을 시작했다.

초우라늄 원소
주기율표에서 우라늄보다 원자번호가 큰 원소를 총칭하는 것으로, 모두 인공방사성 원소(인간이 만든 원소)이다. 한편, 우라늄은 1789년에 발견된 것으로, 당시에 새로 발견한 천왕성(Uranus)의 이름을 따서 우라늄이라고 명명되었다.

1938년 12월 10일, 스웨덴의 구스타프 5세 왕에게 노벨 물리학상을 받고 있는 페르미.

하이젠베르크의 불확정성원리

고전역학과 양자역학의 근본적인 차이를 보여 주는 것이 바로 불확정성원리이다. 불확정성원리는 양자역학의 핵심을 보여 주는 우주적인 진리이다. 이 원리 위에 세워진 양자역학은 기계적이고 결정론적인 세계관을 무너뜨리고 말았다.

무엇인가를 측정하려면 관찰을 해야 한다. 관찰을 하려면 빛이 필요하다. 다시 말하면 빛의 입자인 광자가 필요하다. 광자는 파장이 작을수록(진동수가 많을수록) 에너지가 크다. 그런 광자로 전자를 맞추면, 그 순간 전자의 위치는 매우 정확히 알 수 있지만 속도는 전혀 알 수 없다(광자 때문에 전자의 속도가 바뀐다). 그렇다면 에너지가 아주 작은(파장이 길고 진동수가 적은) 광자를 사용하면 어떻게 될까? 전자의 속도에 거의 영향을 주지 않으니까 속도를 비교적 정확하게 알아 낼 수 있다. 그러나 정확한 위치는 알아 낼 수 없다.

하이젠베르크(1901~1976)는 행렬역학으로 불확정성원리를 증명했다. 그의 공식에 의하면, "위치의 측정 오차를 줄이면 상대적으로 속도의 오차가 커지고, 속도의 측정오차를 줄이면 위치의 오차가 커진다." 이것은 전자뿐만 아니라 이 우주에 존재하는 모든 물체에 똑같이 적용되는 원리이다! 다만 커다란 물체는 오차가 거의 제로에 가까워서 고전역학이든 양자역학이든 거의 같은 답이 나온다.

"신은 교활하지만 심술궂지는 않다"는 명언을 남긴 아인슈타인은 "비록 우리가 그 값을 알아 내지는 못한다 해도, 속도와 위치의 정확한 값은 분명히 존재한다"고 주장했다. 그러나 아인슈타인의 주장은 틀렸다. 상식으로는 도무지 이해가 안 되는 소리겠지만, 전자를 비롯한 모든 물체는 정확한 위치와 정확한 속도를 동시에 가질 수가 없다! 그 값은 우리 인간만이 아니라 전지전능한 하느님도 알아 내지 못한다!

노벨상을 받은 핵반응

페르미는 중성자 포격을 이용해 새로운 방사성 원소를 만들어 낸 공로로 노벨상을 받았다. 새로운 방사성 원소를 만든 과정은 다음과 같다. 중성자로 과녁 핵을 포격한다. 그러면 순간적으로 핵 화합물이 형성되고, 이 화합물은 다른 종류의 입자를 토해 내면서 원래의 원자를 변화시킨다.

페르미는 포격용의 중성자를 만들기 위해 채드윅이 맨 처음 중성자를 발견할 때 사용한 방법을 빌려 왔다. 그는 과녁 역할을 하는 베릴륨 원소에 알파 입자를 쏘았다. 헬륨(He)의 원자핵인 알파 입자는 양성자 둘, 중성자 둘로 되어 있어서 모두 네 개의 핵자로 이루어져 있다. 이것은 $_2He^4$로 나타낸다. 아랫첨자 2는 양성자가 2개라는 걸 가리키고, 윗첨자 4는 핵자가 모두 4개라는 걸 가리킨다. 여기서 양성자 2개를 제외한 나머지 2개의 핵자는 중성자이다.

페르미는 알파 입자 방출원인 라돈을 베릴륨과 섞었다. 베릴륨의 화학 기호는 Be이고, 이것의 핵자는 $_4Be^9$로 나타낸다. 즉 베릴륨은 4개의 양성자와 5개의 중성자로 되어 있다.

이제 마술과 같은 일이 일어난다. 행운의 알파 입자가 베릴륨 핵 속으로 침투하면, 다음과 같은 핵반응이 일어난다.

$$_2He^4 + {_4Be^9} \rightarrow {_6C^{12}} + {_0n^1}$$

베릴륨 핵은 탄소(C)로 바뀌고 중성자($_0n^1$) 하나가 방출된다! 이 화학식의 양쪽 첨자의 합이 동일하다는 것에 주목하라.

이 중성자 가운데 하나가 불소(F)의 핵 속으로 침투하면 어떤 일이 일어나는지를 나타내는 화학식은 다음과 같다.

$$_9F^{19} + {_0n^1} \rightarrow {_7N^{16}} + {_2He^4}$$

불소의 핵은 질소의 핵으로 바뀌고, 알파 입자가 만들어진다. 이 핵반응에서 만들어진 질소의 핵은 질소의 방사성 동위원소이다. 동위(同位)란 같은 자리라는 뜻이다. 주기율표 상에서 '같은 자리'를 차지하지만(양자수 즉 원자번호는 같지만) 중성자 수가 다른 원소를 동위원소라고 한다. 정상적인 형태의 질소는 $_7N^{14}$(양성자 7개, 중성자 7개)이다

프랭클린 루스벨트
미합중국 대통령 귀하
(워싱턴 D.C. 백악관)

각하.

엔리코 페르미와 레오 실라드의 최근 연구 논문을 보니, 머지 않은 미래에 우라늄 원소가 새롭고 중요한 에너지원이 될 것으로 기대됩니다. 최근에 일어난 일들은 경각심을 요하며, 필요할 경우에는 신속한 행정 조치를 취해야 할 것으로 보입니다. 따라서 각하께서는 아래 사실과 저의 권고 사항을 주목해 주시기 바랍니다.

최근 넉 달 동안 프랑스의 졸리오와 미국의 페르미 및 실라드의 연구 결과에 의하면 다음과 같은 일이 가능해졌습니다. 즉 대규모 우라늄으로 핵 연쇄반응을 일으키는 것이 가능해졌으며, 그로써 막대한 에너지를 만들 수 있게 되었습니다. 이것은 머지 않은 미래에 실현될 것입니다.

이 새로운 현상이 폭탄 제조로 이어지면 극단적인 파괴력을 지니게 될 것으로 생각됩니다. 이 폭탄을 단 하나만 배에 싣고 항구에 가서 폭발시키면, 항구 전체는 물론이고 주변 지역까지 모두 폐허로 만들 수 있을 것입니다. 그러나 이 폭탄은 너무 무거워서 비행기로는 운반하지 못할 수도 있습니다.

1939년 8월 2일
알베르트 아인슈타인
(롱아일랜드, 나소
올드 그로브 가)

연쇄반응을 향한 경주

4

1939년에 알베르트 아인슈타인이 프랭클린 루스벨트에게 보낸 편지의 첫 장으로 우라늄 연쇄반응과 원자폭탄의 위험에 대해 경고하고 있다. 이 편지는 레오 실라드가 유진 위그너와 함께 아인슈타인을 설득해서 대통령에게 보내도록 한 것이다.

핵분열을 발견했다는 소식은 순식간에 세계 물리학계에 널리 퍼졌다. 미국에 처음으로 이 소식을 전한 사람은 덴마크의 위대한 물리학자인 닐스 보어였다. 그는 프린스턴 대학 세미나에서 이 사실을 발표했다. 곧이어 콜롬비아 대학의 페르미에게도 이 소식이 전해졌다. 핵분열은 전혀 예상치 못한 새로운 현상이었다. 페르미는 노벨상을 받은 실험에서 핵분열을 일으켰으면서도 그것이 핵분열이라는 것을 미처 알아차리지 못했다.

핵분열과 연쇄반응

세계 도처의 물리학자들은 느린 중성자에 의한 우라늄 핵분열 연구에 뛰어들었다. 그들은 실험을 거듭할 때마다 계수기가 크게 요동하는 것을 볼 수 있었다. 그것은 주기율표에서 우라늄보다 원자번호가 훨씬 더 낮은 원소가 핵분열로 만들어졌다는 것을 보여 주는 현상이었다.

핵분열 반응은 그들이 전에 관찰한 어떤 반응과도 달랐다. 그건 어떤 원소가 주기율표의 이웃에 있는 다른 원소로 단순하게 변하는 현상이 결코 아니었다. 핵분열은 훨씬 더 격렬한 현상이었다. 그건 하나의 중성자가 우라늄의 핵 속으로 들어가서 핵을 둘로 쪼개는 현상이다. 아주 중요한 사실은 이때 일부 또 다른 중성자가 방출된다는 것이다. 하나의 중성자가 침투해서 하나 이상의 중성자가 방출되는 이 현상이야말로 연쇄반응을 가능케 하는 열쇠이다. 새로 방출된 중성자는 더욱 많은 핵분열을 일으킨다.

페르미와 실라드의 찰떡궁합

1933년에 핵 연쇄반응이라는 개념을 처음으로 제시한 사람은 헝가리 태생의 미국 물리학자 레오 실라드(1898~1964)였다. 그는 하나의 중성자 반응으로 두 개의 중성자가 방출될 수 있다고 추리했다. 그가 핵분열에 대해 미리 알았던 것은 아니었다. 핵분열은 아직 발견되지 않던 상태였다. 그러나 그는 중성자 방출과 함께 뭔가 다른 반응이 일어난다는 사실을 추리해 낼 수 있었다. 그는 자신의 그런 아이디어를 특허내기까지 했다. 그는 이 비밀특허를 영국 해군에게 양도했는데, 이 특허는 핵의 연쇄반응 개념과 이 반응을 기초로 한 폭발물에 관한 것이었다.

놀라운 우연의 일치로, 실라드는 영국에서 미국으로 건너가 페르미가 1년 후에 오게 될 콜롬비아 대학에서 일하고 있었다. 두 사람은 전혀 딴판이었다. 페르미는 체계적으로 아주 고된 연구를 한 반면, 철학적 사색은 별로 하지 않았다. 그건 중산층인 철도청 공무원의 아들다운 모습이기도 했다. 실라드는 자유분방했고, '비현실적인 몽상가'였다. 그는 규칙에 얽매이는 법이 없이 마음이 내킬 때에만 연구를 했다. 그는 연구실에 있는 날보다 공원 벤치에 앉아 사색하는 날이 더 많았다. 그런데도 두 사람은 함께 핵분열을 연구하고 연쇄반응 장치를 고안하면서 찰떡궁합처럼 서로 보완적인 구실을 했다. 페르미와 훨씬 더 가까운 공동 연구자로는 허버트 앤더슨이라는 젊은 대학원생이 있었는데, 그는 페르미와 닮은 점이 많았다. 그는 콜롬비아 대학에서 페르미의 지시에 따라 핵분열을 최초로 관찰했다.

핵분열에 잠재된 위험

많은 물리학자들이 핵분열을 이해하려는 열망에 불타오른 것은 두 가지 사실 때문이었다. 첫째로, 핵분열은 잠재 에너지가 어마어마했다. 단 1그램의 우라늄235가 완전히 핵분열을 하면 석탄 3톤 혹은 석유 700갤런과 맞먹는 에너지를 만들어 낼 수 있다. 핵분열은 보통의 화학적 연소보다 백만 배나 더 큰 에너지를 낸다. 핵분열은 단순히 핵이 변하는 게 아니라 아예 원자가 재배열되는 과정이다.

둘째로, 국제 정치 상황이 급박하게 돌아가고 있었다. 연쇄반응을 이용하면 가공할 폭탄을 만들 수 있었다. 핵분열은 나치 독일에서 처음 관찰되었는데, 당시 독일은 1938년에 이미 오스트리아를 병합했고, 체코슬로바키아의 $\frac{1}{3}$을 점령해 버린 아주 공격적인 국가였다. 인종차별법 때문에 독일을 빠져나온 수많은 과학자들은 독일의 독재자 아돌프 히틀러가 세계를 지배하길 원치 않았다.

이 때문에 실라드는 물리학자들에게 핵분열에 대한 정보를 공개하지 말라고 설득했다. 예전에는 과학적 연구 결과를 즉각 공개하는 것이 보통이었다. 1939년 말에 실라

물리학자 레오 실라드
1933년에 그는 연쇄반응을 일으키면 원자에서 에너지를 얻을 수 있다는 걸 처음으로 생각해 냈는데, 다른 사람들은 이 생각에 코웃음을 쳤다.

드는 아인슈타인을 설득해서 미국의 프랭클린 루스벨트 대통령에게 편지를 쓰게 했다. 새롭고 강력한 핵무기에 대해 경고하도록 한 것이다. 늑장을 부리기는 했지만 결국 이 편지로 인해 맨해튼 계획이라는 암호명 아래 20억 달러를 들인 원자폭탄 개발이 시작되었다. 페르미의 연구를 뒷받침하기 위해 콜롬비아 대학도 약 6,000달러의 연구비를 받았다. 역사를 돌아보면 핵무기의 잠재력이 그토록 엄청난데도 그처럼 늑장을 부렸다는 건 참 놀라운 일이다. 페르미조차도 1939년과 1940년 여름에 연구를 뒤로 미루고 미시건 대학에서 강의를 했다. 아무래도 페르미는 순수 과학자이기 때문에 주로 자연현상으로서의 핵분열에만 관심을 기울였다. 그는 항상 정치를 기피했다. 그리고 자기 연구가 실용화되는 데에는 통 관심이 없었다. 그러나 그도 결국은 세계에서 가장 유명하고 뛰어난 중성자물리학자라는 위치 때문에 어쩔 수 없이 원자로 건설이나 원자폭탄 제조라는 실용적인 연구에 참여하게 되었다. 하지만 그것은 그가 하고자 하는 연구가 아니었다.

핵분열이 연쇄반응을 일으키려면?

우라늄이 핵분열을 할 때 평균 2.5개의 중성자가 방출된다는 것이 실험으로 밝혀졌다. 그러나 연쇄반응을 일으키는 것은 만만한 일이 아니었다. 무엇보다도 핵분열이 가능한 우라늄 동위원소가 너무 희귀하다는 게 문제였다. 천연 우라늄 동위원소는 대부분 우라늄235이거나 우라늄238이다. 둘 다 92개의 양성자로 이루어져 있으니까 중성자의 수는 우라늄235가 143개이고, 그보다 더 무거운 우라늄238은 중성자가 3개 더 많다. 자연계에는 둘 가운데 우라늄238이 훨씬 더 많다. 자연계의 우라늄 가운데 0.7퍼센트만이 우라늄235이다. 그런데 핵분열 물질로 쓸 수 있는 것은 바로 우라늄235이다. 이런 사실은 페르미의 발목을 잡았다.

또 다른 문제는 우라늄238이 빠르게 움직이는 중성자를 흡수하는 단면적이 크다는 것이다. 단면적이 크면 핵분열을 할 때 방출된 빠른 중성자를 먹어치운다(중성자 흡수 단면적이란 중성자가 원자핵과 반응해서 핵분열을 하기 위해 반드시 통과해야 하는 원자핵 주위의 면적을 뜻한다). 그러나 페르미와 실라드는 이 문제를 해결할 수 있는 방법을 생각해 냈다. 즉 우라늄을 작은 덩어리로 나누어서, 중성자 속도를 줄이는 물질(감속재)로 우라늄 덩어리를 감싸 놓으면 된다.

물론 페르미는 감속재에 대해 잘 알고 있었다. 그가 노벨상을 받은 연구의 핵심 중 하나가 바로 그것이었다. 그는 가벼운 원소로 이루어진 파라핀 따위의 물질이 중성자의 속도를 줄일 수 있다는 걸 알고 있었다. 우라늄238은 속도가 느린(낮은 에너지의) 중성자를 쉽게 흡수하지 못한다. 그리고 속도가 느린 중성자는 우라늄235의 핵분열을 더욱 촉진한다. 핵분열에서 생긴 중성자 가운데 적어도 하나가 살아남아야만 다음 세대의 핵분열이 시작될 수 있다.

페르미는 자신의 방정식에서 중성자의 재생산 인수를 k로 정했다. 연쇄반응 실험의 목표는 k를 1보다 더 크게 하는 것이었다.

페르미가 선택한 감속재는 흑연

페르미는 물을 감속재로 사용할 수도 있었지만, 그렇게 하지 않았다. 훗날 그가 말했듯이, "물이 중성자 속도를 늦추는 데에는 아주 효과적이지만, 중성자의 상당량을 흡수해버리기 때문이다." 페르미와 실라드는 흑연을 사용해 보기로 결정했다. 연필심으로 쓰이는 게 바로 흑연인데, 흑연은 거의 순수한 탄소로 이루어져 있다.

흑연의 흡수 속성에 대해서는 알려진 게 별로 없었지만, 중성자를 흡수하는 양이 많지 않다는 것만큼은 알려져 있었다. 흑연이 중성자를 얼마나 많이 흡수하는지를 측정하기 위해, 페르미는 적은 양의 샘플 실험을 해보고 싶지는 않았다. 그래봐야 결과가 불확실하기 때문이다. 그래서 페르미는 공학자가 원기(原器: prototype)라고 부를 만한 것을 사용하기로 결정했다. 원기란 측정의 기준이 되는 물체나 장치를 가리키는 말이다. 예를 들어 킬로그램 원기는 백금-이리듐 합금 원통을 사용한다. 원기는 아주 미세한 측정량의 변화도 정확하고 간단하게 관측할 수 있다. 페르미는 이런 원기를 사용하면 더욱 의미 있는 결과를 얻을 수 있을 것으로 기대했다.

흑연과 연필

연필(鉛筆)의 연(鉛)은 납을 뜻하는 말이다. 영어의 lead pencil을 그대로 번역한 말인데, 고대 그리스 시대에 납으로 만든 연필을 실제로 사용했다(그걸로 노루 가죽에 기호를 새겼다). 16세기에 흑연(black lead)이 발견된 후 오늘날의 연필과 비슷한 것이 만들어졌다. 오늘날 영어로는 흑연을 graphite(그래파이트)라고 한다. 이건 고대 그리스어로 '글씨를 쓴다'는 뜻이다. 오늘날의 연필심은 흑연과 점토를 섞어서 구운 것이다.

페르미는 재생산 인수가 1보다 큰 연쇄반응을 일으키는 데 초점을 맞추어 실험을 했다. 이 실험이 시작된 것은 1940년 봄이었다. 페르미는 훗날 이렇게 회상했다. "나는 처음으로 높다란 장비의 꼭대기까지 기어올라가야 하는 실험을 하기 시작했다." 물리학은 이제 대규모의 장비를 필요로 하게 된 것이다.

페르미와 동료들은 흑연 블록을 쌓아올려서 정방형의 기둥을 만들었다. 처음에는 한 변이 90센티미터, 높이는 240센티미터가 되게 쌓아올렸다. 리돈-베릴륨 중성자 방출원은 이 흑연 더미의 밑바닥에 놓아 두었다. (이때부터 페르미가 사용한 파일(pile)이라는 말은 핵분열 연쇄반응 장치, 즉 원자로를 뜻하는 말로 사용되었다. '원자로'라는 말은 더 훗날 만들어졌다.) 그리고 높다란 흑연 파일의 여러 지점에서 중성자의 세기를 측정했다. 중성자의 세기는 라듐 박지(포일)에 유도된 방사능의 양으로 측정했다. 중성자의 세기는 위로 올라갈수록 낮아졌다. 중성자가 흡수되거나 산란했기 때문이다. 이런 실험 자료를 통해 페르미는 흑연의 속성을 계산할 수 있었다. 그런 다음 그들은 산화 우라늄 덩어리를 흑연 파일 곳곳에 체계적으로 끼워 넣었다.

수많은 흑연 파일을 가지고 실험을 하는 데에는 꼬박 3년이 걸렸다. 그들은 온갖 어려움을 이겨 냈다. 예를 들어 이전에 미국에서 만든 어떤 흑연보다 더 순도가 높은 흑연이 필요했다. 우라늄도 순도를 더욱 높여야 했는데, 이 일은 아이오와 대학의 화학자들이 맡았다. 이때 실라드는 아주 중요한 구실을 했다. '비현실적인 몽상가' 였던 그는 더욱 순도가 높고 더욱 많은 우라늄을 만들어 내는 현실적인 일을 멋지게 해냈다. 그는 방사성 동위원소 분리법을 개발했던 것이다.

'적국 사람' 이 되었던 페르미

1941년 12월 7일에 일본이 진주만을 공습한 후 실험은 더욱 박차를 가하게 되었다. 이 사건으로 미국이 제2차 세계대전에 뛰어들었기 때문이다. 독일과 이탈리아가 일본과 손을 잡자, 페르미는 '적국 사람' 이 되고 말았다. (미국에 귀화를 하는 데에는 5년이 걸렸기 때문에 페르미는 1944년 7월에야 미국 시민이 될 수 있었다.) 적국 사람은 미국에서 마음대로 돌아다닐 수 없었다. 사진기나 단파 라디오를 소유할 수도 없었고, 비행기를 탈 수도 없었다. 자기가 사는 마을 밖으로 여행을 하려면, "떠나기 전에 적어도 7일 앞서 미국 지방검사에게 서면 신고"를 해야 했다. 페르미는 전쟁과 관련된 일을 하면서 시카고까지 자주 왕복해야 했는데, 매번 여행을 할 때마다 사전 허가를 받아야 했다. 그는 불평을 떠벌리는 사람이 아니었기 때문에 그저 꾹 참고 지냈다. 그러나 시시콜콜 허가를 받는 게 너무 번거로워지자, 미국 정부는 페르미에게 영구 여행 허가증을 내주었다. 결국 1942년 콜럼버스의 날(10월 12일)에 법무장관은 이탈리아인이 더 이상 적국 사람이 아니라는 규정을 만들었다(일본이나 독일과 달리 이탈리아 국내에서는 레지스탕스 운동이 격렬히 진행되었고, 1943년 7월에 무솔리니 정권이 무너졌다).

연쇄반응 실험에서 보여 준 뛰어난 리더십

1942년 3월에 연쇄반응에 관한 연구가 야금연구소라는 암호명 아래 시카고 대학 한 군데로 통합되어 비밀 프로젝트로 진행되었다. 페르미는 마지못해 자기 팀과 흑연 파일을 시카고 대학으로 옮겨서, 1보다 더 큰 재생산 인수를 얻기 위한 전투를 재개했다.

1942년 11월 중순에 마침내 바라던 재생산 인수를 얻어서 스스로 연쇄반응이 계속될 수 있는 흑연 파일을 건설할 단계에 이르렀다. 페르미의 팀은 시카고 파일 1호기(CP-1)를 탄생시켰다. 이 파일은 좀 엉뚱하게도 대학의 축구장 관람석 아래에 있던 스쿼시 경기장에 세워졌다.

전체적인 구조는 찌부러진 공 모양으로 만들어졌는데, 너비는 7.5미터, 높이는 6미터였다. 전쟁터에 나갈 날을 기다리고 있는 고등학생들의 도움을 받아서, 정제한 흑연 400톤과 산화우라늄 40톤, 그리고 우라늄 금속 6톤을 쌓아 올렸다. 이건 아주 힘든 일이었다. 그들은 휴일도 없이 12시간씩 교대로 일을 했다.

흑연에 뚫린 구멍에 카드뮴으로 만든 원자로 제어봉을 넣었는데, 세계 최초로 만든 이 제어봉은 중성자를 흡수해

**건설 중인 세계 최초의
원자로 CP-1**
완성이 되지 않은 꼭대
기 층이 흑연만으로 덮
여 있다. 이 아래에는
'알'이라고 불린 산화
우라늄이 놓여 있다.

서 핵반응을 낮추기 위한 것이다. 이러한 구조로 만든 원자로는 k를 1보다 더 높게 할 수 있었다. 이 원자로는 워낙 커서 약간의 중성자가 옆으로 새어나가는 것은 문제가 되지 않았다. 이 원자로는 페르미가 계산한 '임계 상태'에 도달할 수 있을 만큼 높은 순도의 우라늄과 흑연을 충분히 사용했다.

옆 사진은 건설 중인 CP-1이다. 아직 완성이 되지 않아서 맨 위 19층은 흑연만으로 되어 있다. 바로 밑에 산화 우라늄 '알'이 놓여 있다.

우라늄 덩어리는 2만 2,000개였고, 각각 수동 압착기로 눌러서 만든 것이었다(단단히 뭉쳐서 밀도를 높여야만, 방출된 중성자가 다른 원자핵과 충돌할 가능성이 높아진다). CP-1 팀에서 일한 알 바텐베르크는 당시 콜롬비아의 대학원생이었고 지금은 일리노이 대학의 물리학 교수이다. 그는 당시를 이렇게 회상한다.

"그건 정말 힘들지만 즐거운 일이었어요. 우리는 뭔가 큰일을 하고 있다는 걸 알고 있었지요. 페르미는 정말 대단한 리더였어요. 그는 파일이 어떻게 작동하는지 우리 모두가 이해하도록 자상하게 가르쳐 주었답니다. 우리는 전적으로 그를 믿고 따랐어요."

하지만 이것은 역사상 처음으로 핵 연쇄반응을 일으키는 실험이어서, 성공하기 위해서는 합리적인 모든 조치를 취해야 했다. 그래서 대형 텐트처럼 생긴 입방체의 공기주머니로 파일을 둘러싸는 특별한 조치도 취했다. 그것은 필

임계 상태
원자로에서 핵분열을 할 때 생기는 중성자와 흡수·누설로 없어지는 중성자가 평형을 이루어 연쇄반응이 지속되는 상태(k, 즉 유효증배율이 1인 상태).

요할 경우에 공기를 빼서 공기 중의 질소가 중성자를 흡수하지 못하도록 하기 위한 것이었다. 결국 이것은 필요하지 않은 것으로 입증되었지만, 페르미와 그의 팀이 얼마나 독창적이었는지를 보여 주는 좋은 예라고 할 수 있다.

그들은 교대할 때마다 파일 속의 중성자 수준을 측정해서 결과를 페르미에게 보고했다. 페르미는 이제 행정 일을 하느라 너무 바빠서 직접 실험에 참여할 수가 없었다. 그래도 그는 언제쯤 임계에 도달해서(k가 1이 되어서) 연쇄반응이 지속될 것인지를 직접 계산했다. 흑연을 52층까지 쌓은 11월 30일에 계산을 해보니 56층까지만 쌓으면 너끈히 임계에 도달할 수 있다는 결과가 나왔다. 그는 여분으로 한 층을 더 쌓기로 하고, 12월 1일 야간 근무자에게 57층까지 쌓으라고 지시했다. 그리고 허버트 앤더슨에게, 제어봉을 빼서 연쇄반응을 지속시키고 싶은 유혹에 절대 넘어가지 말라고 신신당부했다. 그가 지시한 대로 57층까지 흑연이 쌓였고, 제어봉도 제자리에 놓였다.

핵분열의 광란을 막아 주는 제어봉

제어봉
원자로의 가운데에 넣었다 뺐다 하여, 핵연료의 반응을 조절하는 것이다. 핵분열 반응을 중개하는 열중성자를 흡수하여 원자로의 출력을 조정한다. 붕소, 카드뮴 등을 알루미늄으로 피복하여 만든다.

1942년 12월 2일 수요일 아침이 되자 페르미는 팀을 모두 불러모았다. 그는 파일이 어떻게 작용할지 훤히 알고 있었다. 그러나 예상치 못한 결과에 대비해서, 충분한 안전조치를 취해 놓았다. k가 1을 초과할 경우(임계를 넘어설 경우) 핵분열 반응의 수가 점점 증가해서 큰일이 날 수 있었다. 그래서 만일 전자 계수기로 측정한 중성자 세기의 값이 너무 커지면 제어봉이 자동 투입되도록 해놓았다. 그리고 또 다른 제어봉을 밧줄에 매달아 놓고, 필요할 경우에 도끼로 밧줄을 잘라 제어봉이 파일 속으로 투입되도록 장치해 놓았다. 마지막으로 '자살특공대'라는 것도 있었다. 핵분열 반응이 광란을 일으키면, 양동이로 중성자를 흡수하는 카드뮴을 파일 속에 퍼부을 준비를 하고 있는 세 명의 젊은 물리학자가 바로 자살특공대였다.

안전조치를 점검한 후 페르미는 마침내 실험을 시작했다. 그는 연쇄반응이 저절로 지속되는 상태에 이를 때까지 체계적으로 일을 진행시켰다. 그래서 먼저 제어봉을 제자리에 놓은 상태에서 중성자의 세기가 전날 저녁과 같은지를 확인했다. 그런 다음 카드뮴 제어봉 조절을 책임진 젊은 물리학자 조지 바일에게 제어봉 하나를 반쯤만 꺼내라고 지시했다. 예상했던 대로 중성자의 세기가 증가했고, 증가한 상태가 안정적으로 지속되었다. 페르미는 계수기의 소리만 듣고도 계획한 대로 일이 진행되고 있다는 것을 알 수 있었다. 그러나 그는 거기서 만족하지 않고, 중성자의 수준을 측정해서 세기가 얼마나 증가했는지를 정확히 계산했다. 그런 다음 계산자라는 것을 사용해서, 임계 도달까지 얼마나 남았는지를 계산했다. 그가 사용한 계산자는 로그의 원리를 응용해서 곱셈과 나눗셈, 제곱근 풀이 등을 간단하게 할 수 있는 계산 기구이다. 페르미는 이 계산자만으로 필요한 모든 계산을 다 할 수 있었다.

계산 수치에 만족한 페르미는 바일에게 제어봉을 15센티미터 더 빼내라고 지시했다. 그런 다음 중성자의 증가율과 세기를 꼼꼼하게 점검했다. 페르미는 또다시 계산을 해 본 후, 제어봉을 다시 15센티미터 더 빼내라고 지시했다. 모든 게 계획대로 되어갔다.

제어봉을 빼낼수록 중성자의 세기는 증가했고, 증가한 상태가 안정적으로 지속되었다. 이제 세기가 너무 높아서 장비 몇 가지를 새로 조종해야 했다. 조종을 한 후에도 중성자 세기가 전과 동일한지 점검한 후, 페르미는 바일에게 제어봉을 다시 15센티미터 더 빼내라고 지시했다. 세기가 증가했고, '쾅!' 하는 소리가 울렸다. 계획한 대로 안전 제어봉이 자동으로 투입된 것이다.

급할수록 냉정하고 침착하게

페르미는 여느 때처럼 냉정하게 모든 일이 잘 진행되고 있다고 확신하며, 다른 사람들에게 잠시 쉬며 점심이나 먹자고 말했다. "배고프다! 밥 먹으러 가자!" 아마도 연구자 가운데 누군가는 일을 계속하자고 졸랐을 것이다. 가능한 한 빨리 임계에 도달해서 연쇄반응이 지속되는 것을 보고 싶어서 안달을 한 사람이 없었을 리가 없다. 하지만 페르미는 결코 서두르지 않았다. 그는 생각을 할 때나 행동을 할 때나 항상 신중했고, 게다가 이탈리아 사람이었다. 이탈리아에서는 하늘이 무너져도 제때에 밥을 먹어야 했다.

페르미는 미국으로 이주해서 전시 비상 연구를 하고 있으면서도 그런 버릇을 버리지 않았다. 제어봉은 다시 투입되어 제자리에 고정되었고, 모두가 점심을 먹으러 떠났다.

그날 어떤 요리를 먹었는지는 몰라도 분명 모두가 흥분을 참기 어려웠을 것이다. 페르미가 워낙 아무렇지도 않은 얼굴을 하고 있어 모두들 겉으로라도 아무렇지도 않은 척하고 싶었지만 그러기가 어려웠을 것이다. 그들은 그 동안 수십 톤의 우라늄을 압착해서 '알'로 만들어야 했고, 온몸에 검댕 칠을 해가며 흑연을 끝없이 쌓아올려야 했다. 그처럼 여러 달 동안에 걸친 고생이 바야흐로 결실을 맺을 순간이 코앞에 다가와 있었다.

그들은 다시 일을 시작했다. 안전봉을 빼내자 떨어졌던 중성자의 세기가 다시 올라갔다. 바일은 오전처럼 제어봉을 단계별로 조금씩 빼냈다. 중성자 세기가 이제 충분히 높아졌다. 페르미는 중성자 세기를 자동으로 그래프화시켜 보여 주는 기계의 바늘이 움직이는 것을 볼 수 있었다. 중성자의 세기가 더 낮았다면 그런 그래프가 그려지지 않았을 것이다. 페르미는 계산자를 사용해서 그래프의 의미를 정확히 파악했다. 이제 한 단계만 더 나아가면 임계에 도달할 수 있었다. 바일이 제어봉을 30센티미터만 더 빼내면 된다.

그때 페르미는 일반인이 깜짝 놀랄 만한 행동을 했다. 그는 안전봉을 다시 투입했던 것이다. 이번에는 고의로! 그는 중성자의 세기를 낮은 값으로 끌어내린 후, 세기의 변동폭을 더욱 크게 해도 예상한 결과가 나올 거라고 확신할 수 있었다. 그는 바일에게 제어봉을 전보다 훨씬 더 많이(30센티미터) 빼내게 했다. 그런 다음 투입했던 안전봉을 빼냈다. 이번에는 증가한 중성자 세기가 안정이 되지 않았다. 점점 세기가 커졌다. 페르미는 그래프에 눈을 고정시키고 있다가 재빨리 계산자를 조작해 본 후, 다시 그래프를 바라보았다. 여전히 안정이 되지 않았다.

새로운 에너지의 빛과 그림자

페르미는 "반응이 지속되고 있어"라고 말하며 함박웃음을 지었다. 마침내 제어된 연쇄반응에 성공한 것이다!

페르미는 11분 동안 계속 중성자의 세기가 증가하는 걸 방치했다. 그런 다음 비로소 모든 제어봉을 다시 투입했다. 이때 얻은 에너지는 0.5와트에 지나지 않았지만, 인류는 마침내 새로운 에너지원을 얻게 되었다. 이제 이것을 잘 사용할 것인지 오용할 것인지가 숙제로 남겨졌다.

이제 축배를 들 시간이었다. 파일 이론에 관해서는 페르미에게 뒤지지 않았던 헝가리 출신의 물리학자 유진 위그너(1902~1995)에게도 이건 축하할 일이었다(위그너도 페르미와 함께 원자로 건설을 연구했다). 그는 이탈리아산 적포도주인 키안티를 한 병 사왔다. 모두가 냉수기에서 꺼내온 종이컵을 하나씩 들고 성공을 축하했다. 이날이 역사적인 날이라는 것을 잘 알고 있었던 그들은 키안티의 품질보증

서인 밀짚 포장재에 사인을 했다.

그러나 그들은 떠들썩하게 환호하지 않았다. 그날 그 역사적 사건의 현장에 있었던 사람들 사이에 감돌던 엄숙한 침묵은 위그너의 『대칭과 반사』라는 회고록에 잘 나와 있다. 위그너는 당시를 이렇게 회상했다.

"우리는 거인을 풀어 주려는 일을 하고 있다는 것을 잘 알고 있었다. 그리고 우리가 실제로 거인을 풀어 주고 말았다는 사실을 알게 되었을 때, 우리는 예측할 수 없는 미래를 생각하며 섬뜩한 두려움을 떨쳐 버릴 수 없었다."

1942년 12월 2일 원자로의 임계 도달을 축하하기 위해 유진 위그너가 사온 키안티 병에 CP-1 팀원 대부분이 사인을 했다.

야금연구소장이었던 아더 콤프턴은 정부의 최고 연구 책임자인 제임스 코넌트에게 암호문을 사용해서 전화로 이렇게 보고했다. "이탈리아 항해자가 방금 신세계에 상륙했습니다."

그것은 신세계였다. 연쇄반응의 가능성을 처음 생각해 낸 레오 실라드는 연구팀이 모두 떠난 후에도 계속 남아 있다가 페르미와 악수를 하며 이렇게 말했다.

"오늘은 인류 역사상 비운의 날로 기록될 것입니다."

그런 걱정을 할 만한 이유는 분명했다. 비극적인 새 무기가 만들어질 날이 임박한 것이다. 이 무렵 원자폭탄의 재료로 사용할 플루토늄을 만들 강력한 새 원자로가 설계되고 있었다. 페르미는 이 원자로를 만드는 데에도 핵심 역할을 하기로 예정되어 있었다.

코 앞으로 다가온 원자폭탄 개발

다음 몇 주 동안, 페르미와 팀원들은 실험을 계속해서 훨씬 더 순도가 높은 원자로 물질을 얻었다. 그들은 또한 원자로가 중성자 행동 연구를 하는 데 매우 뛰어난 도구라는 사실을 발견했다. 그들이 전에 사용했던 어떤 것보다도 더 강력하고 안정된 중성자를 얻을 수 있었던 것이다. 실험을 계속해서 얻은 결과는 더욱 강력한 새 원자로를 설계하고 건설하는 데 도움이 되었다. 이 원자로는 시카고 교외의 호젓한 곳에 건설되었다. CP-2라고 불린 이 원자로는 출력이 10만 와트에 이르렀다. 최초의 역사적인 날에 CP-1에서 얻은 출력이 0.5와트이었던 것에 비하면 정말 대단한 출력이었다. 1943년 11월경에는 맨해튼 계획의 일환으로, 또 다른 연구소에서 우라늄−흑연 원자로를 만들었다. 이것은 원자폭탄 제조용 우라늄을 생산하기 위한 것이었다. 한편, 뉴멕시코 주의 '로스앨러모스 과학연구소'에서는 원자폭탄을 설계하고 개발하는 일을 하고 있었다.

원자로가 원자폭탄과 다른 점

엔리코 페르미가 핵무기 개발에 기여한 이야기를 계속하기 전에, 앞서의 원자로 이야기에서 빠뜨린 두 가지 중요한 점이 있다. 첫째, "원자로가 통제하기 쉬운 이유는 무엇인가? 왜 원자폭탄처럼 폭발을 하지 않는가?" 이것은 아주 중요한 질문이다. 그 이유는 핵분열 때 일정 비율의 중성자 방출이 지연되기 때문이다. 특히 중성자의 0.0075 퍼센트는 짧게는 1.5초에서 길게는 55.6초 사이에 방출된다. 이처럼 뒤늦게 방출되는 중성자는 핵분열을 하는 우라늄 핵에서 직접 나오는 것이 아니다. 핵분열 산물이 재붕괴를 일으킬 때 나온다. 이렇게 방출 지연된 중성자는 원자로의 통제에 도움이 된다.

물론 원자로 속에 우라늄 연료가 너무 많으면 방출 지연된 중성자 없이도 임계에 도달해 버릴 수 있어서 원자로 사고가 일어날 수 있다.

둘째로 중요한 점은, 무거운 동위원소인 우라늄238이 중성자를 흡수해서(포획해서) 우라늄239로 바뀐다는 것이다. 그런 다음 방사성 붕괴가 진행되어 넵튜늄239로 바뀌고, 이것은 또 다시 붕괴해서 플루토늄239가 된다(핵분열 생성물인 플루토늄239는 핵분열이 가능한 원소로서, 중요한 원자 에너지원이며 원자폭탄의 주재료이기도 하다). 그래서 원자로는 에너지뿐 아니라 또 다른 핵분열 원소를 생산할 수 있다.

극비리에 진행된 맨해튼 계획

제2차 세계대전 때, 미국은 원자폭탄을 만들기 위해 두 가지 길을 택했다. 첫째로, 원자로에서 플루토늄을 생산했다. 둘째로 우라늄238과 235가 뒤섞여 있는 우라늄 광석을 분리했다. 우라늄238은 양이 많지만 핵분열을 할 수 없

넵투늄과 플루토늄
넵튜늄은 1940년에 맥밀란과 에이벌린이 발견한 초우라늄 원소로, 해왕성(Neptune)의 이름을 따서 명명된 것이다. 같은 해에 시보그와 맥밀란 등이 만들어 낸 플루토늄은 명왕성(Pluto)의 이름을 따서 명명된 것이다. 그런데 1942년에 천연 우라늄 광석에도 플루토늄이 미량 존재한다는 것이 밝혀졌다.

어서, 핵분열이 가능한 우라늄235만 분리해 낸 것이다. 전쟁 중에 미국은 두 가지에서 모두 성공을 거두었다.

이러한 성공에 중요한 역할을 한 사람은 미육군 소장 레슬리 그로브(1896~1970)였다. 당시 대령이었던 그로브는 1942년 9월 중순에 원자폭탄 개발 계획 전체를 책임지게 되었다. 이것이 바로 맨해튼 계획이다. 그로브는 커다란 계획을 추진하는 데 능통한 사람이었고, 과감한 결단력을 갖추고 있었다. 그는 지난날 미육군의 모든 건설 계획의 부책임자로 일했고, 미국방성의 건설 계획을 감독했다. 그는 지시를 내리는 방법과 일을 재빨리 처리하는 방법을 잘 알고 있었다. 처음에 민간인이 이 계획을 맡았을 때에는 시작부터 진행이 더뎠고, 걸핏하면 재검토를 하기 일쑤였다. 그로브는 위험을 무릅쓰고 과감하게 일을 추진했고, 일을 진척시키기 위해 여러 가지 방법을 동시에 추진했다.

그로브 소장은 특히 보안에 신경을 썼다. 그는 원자폭탄 계획을 넘겨받자마자 이 계획의 비밀과 최고 과학자들의 안전을 보장할 수 있는 새로운 조치를 취했다.

최고 과학자들은 암호로 된 새 이름을 받아서, 여행을 할 때나 바깥 세상과 연락할 때 이 이름을 사용했다. 엔리코 페르미는 유진 파머, 닐스 보어는 니콜라스 베이커, 위그너는 와그너가 되었다. 그래서 페르미의 『논문집』 가운데 논문 한 편은 저자가 유진 파머로 되어 있다. 페르미 부인이 처음 로스앨러모스에 왔을 때, 기차역에 마중을 나간 병사는 이렇게 물었다. "파머 부인이신가요?" 그녀가 대답

맨해튼 개혁
제2차 세계대전 중에 이루어진 미국의 원자폭탄 제조 계획이다. 1939년 8월에 루스벨트 대통령이 아인슈타인으로부터 권유받은 것이 계기가 되어 미국은 독일보다 앞서서 원자폭탄 제조계획을 세웠다. 이 계획에 따른 체계적인 연구 끝에 1945년 7월에 사상 최초의 원자폭탄 실험에 성공했다.

했다. "네, 제가 페르미 부인이에요." 그러자 병사가 나무라는 듯한 눈빛으로 부드럽게 말했다. "저는 파머 부인이라고 부르라는 명령을 받았습니다."

또 1943년에는 페르미에게 24시간 경호원이 붙어 다녔다. 미 육군 첩보기관의 이 경호원은 사복을 입었는데, 키가 180센티미터에 몸무게는 90킬로그램이 넘었다. 법대를 졸업한 지 얼마 안 되는 이 명랑한 청년의 이름은 존 보디노였다. 그는 늘 페르미를 따라다녔다. 아르곤까지 자동차 여행을 할 때나, 핸포드 등으로 기차 여행을 할 때에도 늘 곁에 있었다. 보디노와 페르미는 좋은 친구처럼 어울려서, 기차 여행을 할 때마다 카드놀이를 함께 했다. 보디노는 가끔 간단한 연구소 일을 거들어 주기도 했다. 페르미와 그의 가족이 로스앨러모스로 옮겨가자, 보디노와 그의 아내와 어린 딸도 함께 옮겨갔다. 그는 전쟁이 끝날 때까지 늘 페르미의 곁을 지켜 주었다.

그로브는 페르미에게 보안상 여러 가지 요청을 했다.

"이런저런 종류의 비행기를 타서는 안 되고, 한가할 때에 위험한 일을 하지 말아야 하며…… 자동차를 타고 오래 돌아다니면 안 되고…… 적절한 보호 조치 없이 한적한 길을 거닐면 안 됩니다."

물리학을 넘어선 연쇄반응의 위력

그로브는 또한 미국의 거대 화학사인 듀퐁 사를 설득해

워싱턴 주 핸포드의 콜
롬비아 강변에 세워진
거대한 플루토늄 생산
공장.

서, 워싱턴 주 핸포드에 거대한 원자로를 건설하게 했다. 이 원자로는 규모가 엄청난 것이었다. 페르미의 CP-1은 200와트 이상의 출력을 내지 못했는데, 핸포드의 원자로 세 개에서는 각각 2억 5,000만 와트의 출력을 냈다.

이제 연쇄반응은 물리학을 넘어서 화학과 공학 분야에까지 영향을 미쳤다. 그들은 막강한 출력을 낼 때 발생하는 엄청난 열을 어떻게 식혔을까? 화학자들은 위험한 방사성 핵분열 산물을 어떻게 처리했을까? 그리고 그들은 핵분열을 일으키는 플루토늄을 어떻게 추출해서, 그걸로 어떻게 핵폭탄 물질을 만들었을까?

당연히 말썽이 많았다. 우선 공학자와 물리학자는 실험에 대한 접근 방법이 달랐다. 공학자는 좀더 실용적이어서 거의 비슷한 값만 얻을 수 있으면 만족한다. 그러나 순전히 이론만을 토대로 하는 물리학자는 완벽한 값을 얻길 바란다. 두 집단은 모두 그들이 얼마나 긴급한 일을 하고 있는지 잘 알고 있었다. 전쟁은 점점 격렬해지고 있었는데, 이 계획이 성공만 하면 단숨에 전쟁을 승리로 이끌 수 있었다. 4만 2,000명에 달하는 사람들이 서둘러서 최선을 다했는데도, 핸포드 원자로가 처음 임계에 도달한 것은 1944년 9월에 들어서였다. 아무튼 그들은 해냈다. 이제 최초의 원자폭탄을 만들 수 있는 플루토늄이 만들어져 원자폭탄 실험을 할 수 있는 시간이 되었다. 이 실험에서 페르미는 흥미로운 역할을 했다.

로스앨러모스와 원자폭탄 5

43년 후반 로스앨러모스에 있을 때의 페르미(왼쪽에서 세 번째)와 팀원들

원래 그곳은 로스앨러모스 목장 학교라 불렸다. 이 학교는 1917년에 체력단련도 하면서 공부를 하게 한다는 취지로 세워졌는데, 주로 부유한 부모들이 병약한 아들을 보내던 곳이었다. 주위의 풍경은 아름다웠다. 뉴멕시코 주 샌타페이에서 북서쪽으로 56킬로미터 떨어져 있는 이곳에는 리오그란데 골짜기 위로 해발 2킬로미터의 상그레 데 크리스토 산이 우뚝 솟아 있다. 그러나 이제 학교는 없어졌다. 미육군이 학교와 그 주변 땅을 차지해서, 비밀 프로젝트를 추진하기 위한 곳으로 탈바꿈시켰다. 원자폭탄을 개발하기 위한 연구소로 만든 것이다.

오펜하이머를 중심으로 한 원자폭탄 개발 연구소

1942년 6월, 그로브 소장은 탁월한 이론물리학자인 로버트 오펜하이머(1904~1967)를 원자폭탄 개발 연구소장으로 발탁했다. 오펜하이머는 캘리포니아 대학에서 폭탄 개발 방법에 관한 집중적인 이론 연구를 주도하던 사람이었다. 두 사람은 새로운 무기 연구소를 세울 부지로 로스앨러모스를 선택했다. 로스앨러모스는 비밀 연구소로 삼기에 적합한 곳이었다. 고립된 이 지역으로 가는 길은 가파르고 구불구불한 흙먼지 길 하나밖에 없었다. 연구소의 안보를 위해서 안성맞춤이었다. 하지만 연구소에 처음 합류한 과학자들은 언덕을 오르며 주눅이 들었다. 어쨌든 과학자들은 깊은 골짜기에서 위험한 폭발 실험을 할 수 있었다. 하이킹이나 스키, 낚시 등을 할 수도 있었다. 또한 풍경이 워낙 아름다워서 과학자들의 지친 정신을 북돋아 줄 수도 있었다.

오펜하이머는 미국의 알짜배기 핵물리학자와 화학자들을 불러와 연구소를 채웠다. 이곳에는 곧 2,500명이 넘는 과학자들로 북적거렸다. 처음에는 모두가 신대륙 개척자처럼 생활을 해야 했다. 근처에 비어 있는 여러 관광목장을 숙소로 사용했는데, 모든 일용품이 부족했다. 물리학자 로버트 윌슨의 아내인 제인 윌슨은 이렇게 회상했다. 길은 포장이 되지 않아서 모든 길이 질퍽거리기 일쑤였고, 난방용으로 사용한 역청탄 검댕이 사방을 뒤덮고 있었다. 돌과 통나무로 지은 학교 건물은 본부로 사용되었고, 지난날 교장과 교사들이 썼던 집은 연구소의 간부들만이 이용할 수 있었다. 그런 집에는 욕조가 있어서, 그곳은 '욕조 마을'이라고 불렸다. 다른 곳에 새로 만든 마을에는 초록색 널빤지나 조립주택 부품으로 허겁지겁 지은 집과 트레일러(자동차로 끄는 이동주택)가 어지럽게 자리 잡고 있었다. 냉장고만큼은 신형이었다. 그러나 나무와 석탄을 때는 커다란 요리용 난로는 애물단지였다. 그래서 많은 거주자들은 전열기를 사서 썼지만, 걸핏하면 정전되기 일쑤였다.

로스앨러모스의 사람들은 울타리와 가시철망으로 둘러싸인 마을에서 살아야 했다. 우편물은 검열되었고 장거리 전화는 도청되었으며, 출입을 하려면 신분증을 달아야 했다. 이곳에 오는 모든 우편물의 주소는 샌타페이 사서함

'욕조 마을'의 이 집은
원래 로스앨러모스 목
장 학교의 미술 공예실
이었는데, 연구소장의
집으로 사용되었다. 집
뒤쪽에 제메스 산맥이
보인다.

1663이었다. 로스앨러모스라는 우체국 주소는 아예 존재하지 않았다. 그러나 거의 모든 사람이 젊었고, 기꺼이 불편을 참겠다는 마음을 지니고 있었다. Y라는 암호명으로 불린 이 프로젝트가 너무나 중요했고, 전쟁을 승리로 이끄는 데 결정적인 도움이 될 수 있었기 때문이다.

원자폭탄의 핵심은 핵분열 이론

1943년 4월 무렵, 최고 과학자들이 모여서 연구 프로그램을 조직하기 위한 토론을 했다. 이 토론을 이끈 사람은 '오피'라고 불린 오펜하이머였다. 처음으로 계획한 이 회의에는 페르미도 참석했다. 얼마 후 페르미는 이곳에서 부책임자로 일하며, 여러 팀을 거느린 부서 하나를 이끌었다.

로스앨러모스 연구소의 목표는 핵무기를 만드는 것이었다. 그것은 미국과 연합국이 당시 격화되고 있던 끔찍한 세계대전에서 승리를 거둘 수 있는 강력한 무기여야 했다. 핵분열은 가장 폭발적인 화학 반응보다도 훨씬 더 많은 에너지를 방출했기 때문에, 원자폭탄이라면 역사상 어떤 폭탄보다 더 강력한 폭탄이 될 수 있었다. 핵분열 에너지는 화학 에너지보다 수백 만 배나 더 강력했다. 플루토늄239나 우라늄235 1킬로그램만 완전히 핵분열을 하면, TNT 2만 톤과 맞먹는 폭발력을 낼 수 있었다.

원자폭탄에는 감속재가 없다. 감속재는 중성자의 속도를 느리게 하는 것으로, 페르미의 원자로에서는 흑연을 감

TNT
트리니트로톨루엔의 약자. 특히 폭약인 2, 4, 6-트리니트로톨루엔을 TNT라고 한다. 1863년에 독일인 빌브란트가 처음 개발했다. 비교적 충격에 민감하지 않아서 뇌관이 있어야만 폭발시킬 수 있다는 점 때문에, 화학적 폭발물 가운데 가장 인기가 높다.

속재로 사용했다. 느린 중성자는 작용을 하는 데 너무 느렸다. 핵분열 속도를 높이려면, 핵분열을 하는 핵에서 나오는 빠른 중성자를 사용하면 될 것이다. 감속재가 없으면 연쇄반응이 폭발적으로 일어날 것이다. 로스앨러모스의 과학자들은 이 속도를 연구 계산하고 측정했다. 모든 폭발이 일어나는 데에는 1백만 분의 1초도 걸리지 않았다. 그토록 짧은 시간에 모든 에너지가 한꺼번에 방출되면, 지구상에 한 번도 관찰할 수 없었던 온도인 섭씨 수천만 도에 이를 것이다. 실제로 표준 원자폭탄의 경우 섭씨 6,000만 도에 이른다.

그런 폭발이 어떻게 일어나는지 간단히 살펴보자. 공 모양의 우라늄235나 플루토늄239 안에서 맨 처음 핵분열이 일어나면 2.5개의 빠른 중성자가 나온다(간단히 2개라고 하자). 이 2개의 중성자는 10억 분의 1초 안에 다른 두 핵을 때려서 4개로 늘어나고, 잇달아서 8, 16, 32, …… 1024, 2048개로 늘어난다. 핵분열의 각 세대마다 초고속의 중성자가 튀어나와서 재빨리 다른 핵을 때리는데, 1킬로그램의 원자핵이 모두 핵분열을 하는 데에는 80세대밖에 걸리지 않는다. 이 모든 것이 1백만 분의 1초 이내에 일어난다. 그리고 매번 핵분열을 할 때마다 원자 에너지가 방출된다. 모든 에너지가 작은 공간 속에서 방출되었을 때 그 온도는 수천만 도에 이른다.

그런 폭탄을 만드는 건 엄청난 일이었고, 어느 누구도 전에 해보지 못한 일이었다. 로스앨러모스에 모인 과학자들은 원자폭탄이 어떻게 작용하는지에 대한 이론은 이미 알고 있었지만, 이제는 그것을 만들기 위한 구체적인 사실과 숫자를 알아 내야만 했다. 플루토늄239(혹은 우라늄235)가 핵분열을 할 때 얼마나 많은 빠른 중성자가 나오는가? 중성자는 얼마나 빨리 나타나는가? 얼마나 빨리 움직이는가? 연구자들은 우라늄과 플루토늄에 대한 모든 것을 알아 내야 했다. 그러자면 원자폭탄의 작용을 촬영할 수 있는 새로운 초고속 카메라와 X선 기계가 필요했다. '가제트'를 만들려면 그런 기계 외에도 아주 많은 것이 필요했다('가제트gadget'는 '원자폭탄'이라는 말 대신 사용한 암호였다. '가제트 형사'라는 만화영화도 있는데, '가제트gadget'는 간단하지만 묘한 기계 장치를 뜻한다).

중성자를 먹어치우는 원자로의 괴물

페르미가 첫 회의에 참석한 후, 연구소에서는 가끔 페르미에게 중요한 자문을 구했다. 이때 그는 다른 곳에서 계속 중요한 일을 하고 있었다. 워싱턴 주의 핸포드에서 엄청난 규모로 건설 중인 플루토늄 생산 원자로에 대한 자문을 해주고 있었던 것이다. 그것은 정말 엄청난 사업이었는데, 예상치 못한 사건 때문에 하마터면 물거품이 될 뻔했다. 어떤 알 수 없는 핵분열 산물로 인해 첫 원자로가 '중독'된 것이다.

그런 문제만 없었다면 페르미는 좀더 일찍 로스앨러모

스에서 연구를 하게 되었을 것이다. 페르미와 CP-1의 팀원이었던 레오나 마샬은 핸포드의 원자로를 처음 가동할 때 그곳에서 원자로가 임계에 도달하는 것을 점검했다. 처음에 출력이 낮을 때에는 냉각수를 사용하지 않다가, 곧이어 출력이 높아지자 콜롬비아 강에서 끌어온 물로 원자로를 냉각시켰다. 모든 일이 잘 되어 가는 듯했다. 이것은 시카고 파일보다 훨씬 높은 250메가와트의 출력을 낼 수 있는 원자로였다. 그런데 다음 순간 이상한 일이 일어나기 시작했다. 예정된 출력을 유지하기 위해서는 제어봉을 계속 더 멀리 뽑아 내야만 했다. 마침내 제어봉이 완전히 뽑혀 나왔다. 하지만 출력은 계속 떨어졌다. 이튿날 저녁이 되자 연쇄반응은 멈춰 버렸고, 원자로는 완전히 죽어 버렸다.

그런 다음 훨씬 더 이상한 일이 일어났다. 원자로가 되살아났던 것이다. 원자로는 여러 시간 동안 가동되다가 다시 힘을 잃어버렸다. 무엇이 잘못된 것일까? 페르미는 원자로가 '중독' 되었다는 것을 알아 낼 수 있었다. 핵분열 산물과, 그 산물이 붕괴하면서 생긴 딸핵종 가운데 중성자를 포획할 수 있는 대단한 능력을 지닌 원소가 있었다.

범인은 방사성 형태의 요오드와 크세논 원소인 것으로 밝혀졌다. 방사성 요오드(요오드135)는 우라늄235의 핵분열 산물 가운데 하나로 형성된다. 그런 다음 붕괴되는데, 예닐곱 시간이 지나면 반이 붕괴되어 크세논135가 된다. 바로 이 크세논이 중성자를 엄청나게 먹어치웠다. 전에 알려진 어떤 원소보다도 흡수력이 더 강했다. 크세논이 중성

핵종(核種)
원자핵을 구성하는 양성자와 중성자의 수로 구별되는 개개의 원자핵. 양성자 수가 같고 질량수(양성자수＋중성자수)가 다른 핵종은 서로 동위원소이다. 방사성 원소가 붕괴해서 생긴 것이 딸핵종이고, 붕괴하기 전의 것을 어미핵종이라고 한다.

자를 빨아들이면 원자로의 방사능을 죽이게 된다. 그러나 이때 크세논 자체도 붕괴해서 사라지는데, 반감기가 9.13시간이다. 중독 현상이 사라지면 원자로는 다시 임계에 도달할 수 있었다.

핸포드 원자로를 설계할 때 듀퐁 사의 공학자들과 함께 일했던 유진 위그너는 그러한 원자로 중독의 가능성을 예견했다. 그래서 다행히 원자로에 우라늄을 추가할 수 있는 공간을 확보해 두었다. 그래서 중독 현상을 극복할 수 있을 만큼 충분히 많은 핵분열을 추가로 일으킴으로써 원자로가 계속 가동될 수 있게 했다. 우라늄을 추가할 경우 새로운 냉각 순환로가 더 필요하긴 했지만, 핸포드 원자로B는 적시에 다시 임계에 도달해서 계속 가동되었다. 그래서 그야말로 구사일생으로 원자로를 살릴 수 있었다.

로스앨러모스에 합류한 페르미

이 문제가 해결되자 페르미는 로스앨러모스에서 연구에 전념할 수 있었다. 이때는 연구소가 세워진 지 1년 반이 지난 1944년 가을이었다. 페르미가 핸포드 원자로 가동 문제에 매달려 있을 때, 페르미 부인과 두 자녀는 이미 로스앨러모스에서 살고 있었다. 그녀는 거기서 텔러 부부와 베테 부부, 로시 부부, 에밀리오 세그레 등 여러 옛 친구를 만났다. 그녀는 로스앨러모스의 사정을 미리 들어서 알고 있었기 때문에, 자기와 두 자녀가 사용할 부츠를 가지고

갔다. 길이 질퍽거리기 일쑤였기 때문이다. 그리고 미육군 규정에 얽매여 살아야 했기 때문에 군인들과 티격태격하지 않을 수 없다는 것을 미리 알고서, 단단히 마음의 준비도 했다. 하지만 로스앨러모스에는 젊은 사람들이 많았고, 파티도 많아서 사교생활을 충분히 즐길 수 있었다. 비록 전화가 없었고, 우편 검열을 당하긴 했지만.

페르미는 로스앨러모스에서의 연구가 원자폭탄에 이르는 긴 여정의 마지막 단계이자 고비라는 것을 잘 알고 있었다. 어서 페르미의 도움을 받고 싶어 안달이 난 오펜하이머는 페르미를 부책임자이자 F부서라는 특별 부서의 부장으로 임명했다. 이 부서는 문제 부서로 알려져 있었다. 문제 인간과 특별 상황에 대처하는 부서였기 때문이다. 문제 인간의 대표격은 에드워드 텔러였다. 뛰어난 이론물리학자였던 텔러는 도무지 핵분열에는 관심을 두지 않았다. 그는 '슈퍼'에만 관심을 두었다. '슈퍼'는 원자폭탄보다 훨씬 더 강력한 수소폭탄을 가리키는 암호였다. 페르미는 또 L.D.P. 킹이라는 물리학자를 거느리고 있었는데, 킹의 팀은 연구용 중성자 방출원을 얻기 위해 로스앨러모스에 세운 낮은 출력의 작은 원자로에서 일했다. 이 원자로는 지름이 30센티미터밖에 되지 않는 공 모양의 용기여서 '급탕기(water boiler)'라는 애칭으로 불렸다. 작기는 했지만 이 원자로는 세계 최초로 농축 우라늄을 사용한 원자로였다. 천연 우라늄 광석에는 우라늄235가 0.7퍼센트밖에 들어 있지 않은데, 이것을 따로 분리해서 모은 것이 농축

수소폭탄
수소의 원자핵이 융합하여 헬륨의 원자핵을 만들 때 방출되는 에너지를 이용한 폭탄이다. 원자폭탄이 폭발할 때 발생하는 고열은 핵융합반응을 일으키는 기폭용으로 이용한다.

우라늄이다. 농축 우라늄은 테네시 주 오크리지에 세운 거대한 우라늄 분리 공장에서 만든 것을 사용했다. 이러한 우라늄235 농축은 원자폭탄 제조의 두 번째 방법으로 추진한 것이었다.

페르미 부서에는 허버트 앤더슨의 팀도 포함되어 있었다. 오랜 동료였던 허버트 앤더슨은 시카고의 야금연구소를 떠나 1944년 11월에 페르미와 합류했다. 앤더슨과 그의 팀원들은 첫 원자폭탄의 효율성을 결정하는 방법을 개발해서 핵심적인 기여를 했다.

임계 질량을 결정하라!

'임계 질량(하나의 폭탄을 만드는 데 필요한 핵분열 물질의 양)' 을 결정하는 것은 핵심적인 문제 가운데 하나였다. 양이 너무 적으면 중성자가 밖으로 달아나서 원자폭탄은 불발이 되어 버린다. 마치 식식거리다가 꺼지는 눅눅한 화약처럼. 양이 너무 많으면 귀중한 핵 물질을 낭비하게 된다.

빠른 중성자에 대해 좀더 많은 것을 알아 내기 위해서는 입자가속기라는 게 필요했다. '기계' 라고 불린 이 가속기는 양성자(혹은 전자)를 가속시켜서, 과녁을 때릴 때 높은 에너지의 중성자를 만들어 낼 수 있을 만큼 큰 운동 에너지를 얻기 위한 것이다. 새로운 가속기를 만들 시간은 없었다. 그래서 로스앨러모스의 물리학자들은 맨해튼 계획을 추진하는 동안 내내 전형적으로 아주 뻔뻔스러운 짓을 했다. 즉 미국 전역의 대학에 있는 입자가속기를 멋대로 가져다 쓴 것이다. 하버드 대학에서는 사이클로트론이라는 가속기를 가져왔다. 이 가속기는 운동하는 하전입자가 자기장 속에서 원을 그린다는 것을 이용해서, 자기장 속에서 입자(양성자)를 회전시키며 회전주기에 맞추어 고주파 전압으로 되풀이해서 입자를 가속시키는 장치이다. 이 가속기는 1929년에 미국의 어니스트 로렌스(1902~1958)가 구상해서 이듬해 처음으로 만든 것이다.

위스콘신 대학팀은 두 대의 밴데그래프 가속기를 가져왔다. 이것은 절연물로 만들어진 벨트를 빠르게 움직여서 전하를 전극에 반입시켜 만들어 낸 강력한 전기장으로 양성자를 높은 에너지로 끌어올리는 기계이다. 사이클로트론과 달리 이 기계는 전압을 연속적으로 바꿀 수 있었고, 전압의 안전도가 높다. 이밖에도 일리노이 대학에서도 다른 가속기를 가져왔다.

물리학자들은 정말 미친 듯이 연구에 몰두했다. 그들은 원자폭탄을 만들기 위해 모인 사람들이었다. 원자폭탄은 정말 끔찍한 무기였는데, 과연 언제 개발에 성공할 수 있을지 모두가 초조하지 않을 수 없었다. 독일이 먼저 개발을 해버리면 큰일이었다. 무엇보다도 독일은 핵분열을 가장 먼저 발견한 나라였다. 그리고 독일은 당시 과학계를 주름잡고 있었다. 오펜하이머도 괴팅겐 대학에서 박사학위를 받은 독일 출신이었다. 아돌프 히틀러 치하의 독일 과학자들이 핵분열 실험에서 나아가 핵분열 폭탄을 개발하는 것은 시간 문제였다. 그들의 원자폭탄 개발이 얼마나 진척되었는지는 알아 낼 수가 없었다. 독일인들도 미국인들처럼 철저하게 보안을 지키고 있었고, 그들의 독재 사회는 유난히 폐쇄적이었기 때문이다. 그래서 로스앨러모스의 모든 사람들은 엄청난 스트레스를 받으며 미친 듯이 일에 열중하지 않을 수 없었다.

플루토늄 폭탄의 가능성

로스앨러모스로 가속기를 가져오기 전에도, 위스콘신 팀의 조 맥키벤과 대학원생 데이비드 프리시는 여러 달 동안 가속기를 가동시켜 왔다. 그래서 빠른 중성자의 행동에 대한 결정적인 자료를 얻었다. 그들은 지난날 로마에서 페르미가 느린 중성자를 찾기 위해 실험을 했던 것과 같은 방식으로 빠른 중성자 실험을 했다. 즉 여러 물질을 실험해서 중성자가 얼마나 빨라지는가를 조사한 것이다. 그들은 자신들의 자료가 원자폭탄을 설계하는 데 필요할 거라는 사실을 잘 알고 있었다.

1943년 5월 15일에 위스콘신 팀은 로스앨러모스에서 두 대의 가속기 가운데 더 큰 것을 작동시켰다. 이때 그들은 훨씬 더 결정적인 측정을 해냈다. 빠른 중성자로 인한 플루토늄의 핵분열을 측정한 것이다. 플루토늄 샘플은 거의 보이지도 않을 만큼 소량(1백만 분의 142그램)이었다. 그러나 측정을 하는 데에는 그걸로도 넉넉했다.

로스앨러모스의 사람들
은 일주일에 6일이나 7
일씩 장시간 일을 하면
서도 토요일 밤의 음악
회를 즐기곤 했다.

이 시기에 팀원들은 하루에 18~20시간을 일해서 결국 결정적인 측정 결과를 얻을 수 있었다. 실험 결과에 의하면 플루토늄이 핵분열을 해서 충분히 빠르게, 충분히 많은 양의 중성자를 방출한다는 것이 확인되었다. 사실 핵분열을 할 때 플루토늄239는 우라늄235보다 더 많은 중성자를 방출한다(적은 양의 플루토늄 샘플은 워싱턴 대학의 사이클로트론으로 만든 것이었다. 핸포드 공장이 가동되려면 아직 1년이나 남아 있었기 때문이다. 놀랍게도 이 거대한 공장은 플루토늄239를 폭탄으로 쓸 수 있다는 '가정' 아래 무작정 건설되고 있었던 셈이다).

이제 플루토늄 폭탄은 확실히 가능한 것으로 보였다. 그러나 한 가지 커다란 문제가 남아 있었다. 이 문제는 페르미의 이론에 따라 예견된 것이었고, 에밀리오 세그레가 측정을 해서 밝혀 낸 것이기도 했다. 지난날 페르미의 제자이자 동료 연구자였던 세그레도 미국으로 이주해서 캘리포니아 대학을 거쳐 로스앨러모스에 와 있었다. 문제는 플루토늄240이 자발적으로 아주 빠르게 핵분열을 한다는 것이었다. 이것이 왜 문제가 되는가를 이해하려면 원자폭탄이 어떻게 작동하는지를 좀더 자세히 알아 볼 필요가 있다.

원자폭탄을 만드는 방법

로스앨러모스에서는 원자폭탄을 두 가지 방법으로 만들었다. 즉 원자폭탄을 만드는 데 사용할 핵분열 물질을 두 가지로 잡은 것이다. 하나는 우라늄235를 사용하는 것이다. 이 우라늄은 테네시 주의 오크리지에 있는 거대한 공장에서 분리해 내고 있었는데, 시간이 많이 걸렸다. 다른 방법은 플루토늄239를 사용하는 것이었다. 이것은 만들어 내는 시간이 오래 걸리지 않았다. 아직 건설 중인 워싱턴 주 핸포드의 거대한 원자로에서 플루토늄239를 곧 만들어 낼 예정이었다.

원자폭탄의 기본 아이디어는 간단하다. 핵분열을 할 수 있는 물질 조각들을 아주 빠르고 큰 힘으로 합치기만 하면 된다. 그러면 갑자기 임계질량에 이르게 되어, 핵분열을 할 때 방출되는 에너지 때문에 '가제트'가 박살나기 전에 충분한 세대의 연쇄반응이 일어날 수 있다. 그렇게 할 수 있는 한 가지 방법은 우라늄235로 만든 무거운 '총알'로 우라늄235 과녁을 때리는 것이다. 이러한 총격 방법이 필요한 것은, 총알과 과녁이 아주 빠르게 결합해야 하기 때문이다. 그러지 않으면 연쇄반응이 미리 일어나서 폭탄이 쪼개져 버리고, 식식거리다가 불발이 되고 만다.

물론 실제 폭탄은 이보다 훨씬 더 복잡하게 작용한다. 우선 '탬퍼'라고 부르는 게 필요하다. 탬퍼란 땅을 다지는 데 쓰는 몽둥이를 뜻하는 말이다. 이 탬퍼는 핵분열 물질을 둘러싸고 있는 일종의 덮개다. 이 덮개는 핵 연쇄반응이 일어나는 1백만 분의 1초 동안, 방출된 중성자가 밖으로 새어나가지 않고 덮개에 부딪혀 다시 핵분열 물질 속으로 들어가서 더 많은 분열을 일으키게 한다. 한편, 폭탄을 폭발시키려고 할 때 맨 처음 연쇄반응을 일으키는 '기폭제'도 필요하다. 이와 같은 충격 방법은 우라늄235에 적용되는 것으로, 히로시마에 사용한 원자폭탄도 이렇게 만든 것이다.

플루토늄의 경우에는 충격 방법이 효과가 없다. 사실 문제가 되는 것은 주로 플루토늄을 사용할 경우이다. 페르미의 모든 연구와 핸포드 원자로를 무용지물로 만들 뻔한 것도 이 문제였다. 전시에 원자폭탄을 만들려는 노력이 위기를 맞은 것도 플루토늄 문제 때문이었고, 이 때문에 오펜하이머는 사임할 뻔하기까지 했다.

플루토늄 폭탄의 문제점

문제는 플루토늄239를 원자로에서 만들 때 일정량의 플루토늄240이 더불어 만들어진다는 것이다. 원자로 속에는 항상 중성자가 날뛰고 있다. 우라늄238이 중성자를 포획한 후 방사성 붕괴를 해서 만들어지는 게 플루토늄239인데, 이 가운데 일부가 중성자를 또 다시 포획하면 플루토늄240이 되어 버린다. 이것은 연쇄반응을 일으키지 않아도 자발적으로 핵분열을 할 수 있다.

자발적인 핵분열이 뭐가 나쁜가? 결국 원하는 게 핵분열이 아니었나? 그렇긴 하다. 그러나 문제는 너무 많은 핵분열이 자발적으로 일어난다는 것이다. 그렇게 되면 핵분열물질 조각들이 충분히 결합하기 전에 연쇄반응이 미리 일어나 버릴 수 있다. 그러면 폭발을 일으키지 못한다. 약하게 미리 폭발이 일어나서 지리멸렬하게 식식거리다가 불발이 되어 버린다. 원자로에서는 플루토늄이 너무 많이 자발적으로 핵분열을 한다. 아무리 충격을 빨리 해도 핵분열 물질의 결합이 자발적인 핵분열보다 빠를 수는 없다. 그래서 충격 방법이 플루토늄에는 무용지물이다. 이것은 비극처럼 보였다.

문제점을 해결한 내파 방법

다행히 로스앨러모스의 과학자인 세스 네더마이어가 폭탄 물질을 결합하는 또 다른 방법을 찾고 있었다. 그는 충격 방법 대신, 다른 과학자들이 너무 어렵다고 생각한 방법을 선택했다. 그가 제시한 방법은 내파시킴으로써 핵분열 물질을 초고속으로 초임계 상태에 이르게 하는 것이다. 내파란 외파의 반대말이다. 두 손으로 진흙공을 찌부러뜨린다고 상상해 보라. 새어나갈 틈이 없이 모든 방향에서 힘을 가한다고 다시 상상해 보라. 이러한 힘이 바로 내파를 일으킨다.

핵분열 물질을 감싼 고성능 폭약을 터트리면(내파를 일으키면), 핵분열 물질이 갑자기 엄청난 압력을 받아 밀도가 높아지면서 즉시 임계량에 이르게 된다. 그러면 충격을 하는 것보다 훨씬 더 빨리, 심지어 자발적인 핵분열이 일어나기도 전에 폭탄이 성공적으로 폭발한다. 이러한 내파 방법은 역사상 가장 위력적인 폭발물 개발로 이어졌다.

내파 방법과 관련된 기술적인 문제를 해결하기 위해서는 로스앨러모스의 과학자들을 대폭 보강할 필요가 있었다. 이 연구를 위해 특별히 하버드 대학의 조지 키스티아코프스키 교수가 합류했다. 고성능 폭발물에 대해서는 누구도 넘볼 수 없는 지식을 가진 이 교수에게 네더마이어는 내파 방법에 대한 연구 지휘권을 넘겨 주어야 했다. 아무튼 결국에는 고성능 폭발물을 마음대로 다룰 수 있게 되었다. 그들은 광학렌즈와 비슷한 고성능 폭발물 '렌즈'를 만들어 냈다. 그래서 중심을 향해 모든 방향에서 압착을 할 수 있는 충격파를 만들어 내서, 내파를 일으킬 수 있게 되었다. 다른 로스앨러모스 팀은 고속의 X선 촬영 기계를 개발해서 내파가 진행되는 과정을 연구자들에게 실감나게 보여 주었다.

내파 방법은 과연 효과가 있었다. 이 방법을 개발하는 일은 결코 쉽지 않았지만, 로스앨러모스의 뛰어난 인재들은 구형(공 모양)의 내파를 일으키는 난제를 풀어 낼 수 있었다. 그들은 수없이 실험을 거듭해서, 면밀하게 설계한 고성능 폭약을 1백만 분의 1초 이내에 일제히 폭발시킬 수 있는 방법을 알아 냈다. 이렇게 내파를 시키면 속에 있는 핵분열 물질은 압착이 된다. 연쇄반응으로 폭탄이 쪼개지기 전에 정상보다 두 배로 압착된다. 그러면 엄청난 압력을 받은 플루토늄 공이 초임계 상태에 이르러 폭발을 하게 된다.

기술적으로 과감하고 고된 이 연구는 원자폭탄 제조와

관련된 다른 많은 문제에 해답을 안겨 주었다. 아직 문제가 다 풀린 것은 아니었지만, 1945년 2월에 그로브 소장은 설계를 확정지으라고 지시했다. 이제 원자폭탄 설계가 확정되었다. 그래서 7월에는 모든 실험 준비를 갖출 수 있었다. 7월경이면 핸포드에서 최초의 폭탄을 완성할 수 있을 만큼의 플루토늄을 생산할 수 있을 것으로 예상되었다.

원자폭탄의 예비 실험

원자폭탄 실험은 이미 1년여 전부터 계획해 왔지만 워낙 난해한 것이었다. 1945년 2월에 250명이 매달려 이 실험 준비에 박차를 가했다. 실험은 로스앨러모스에서 남쪽으로 330킬로미터쯤 떨어진 곳에서 이루어졌다. 오펜하이머는 핵폭발 지역과 실험 암호명을 '트리니티(Trinity:삼위일체)'라고 명명했다.

탁월한 실험자들로 이루어진 실험 팀은 먼저 장비와 계획을 점검하기 위해 예비 실험을 했다. 그러기 위해 1945년 5월에 트리니티 지역에서 고성능 폭약 100톤을 폭발시켰다. 원자폭탄에서 발생하는 방사능을 측정하기 위해 핸포드 공장에서 만든 방사성 핵분열 산물을 함께 폭발시켰다. 이것은 역사상 인간이 만든 화학 폭탄 가운데 가장 큰 것이었지만, 장차 실험할 원자폭탄에 비하면 새발의 피였다. 페르미는 실험 준비를 하는 동안 특별한 역할을 했다. 그는 이론과 실험 모두에 대한 해박한 지식을 갖추었기에

노리스 브래드베리(왼쪽)가 완전히 조립된 '트리니티' 플루토늄 폭탄을 올려 놓은 탑 위에 서 있다. 이날은 1945년 7월 15일이었다. 실험용의 이 폭탄은 이튿날 성공적으로 폭발했다.

물리학의 수많은 분야와 관련된 이 실험의 여러 측면을 완벽하게 파악할 수 있는 유일한 사람으로 평가되었다.

역사적인 카운트다운

마침내 세계 최초의 원자폭탄을 실험할 때가 되었다. 플루토늄 내파형의 이 폭탄은 트리니티 지역에서 조심스럽게 조립되어, 30미터 높이의 탑 위로 올려졌다. 폭탄에는 여러 가지 중요한 부분이 있었다. 먼저 중앙에는 기폭제가 있었다. 기폭제를 구성하는 폴로늄과 베릴륨은 예전부터 중성자원으로 사용된 것이었다. 기폭제는 엄청난 연쇄반응이 일어나도록 최초의 중성자 몇 개를 방출하게 된다. 기폭제는 단단한 공 같은 플루토늄239로 싸여 있었는데, 아직은 임계에 도달할 정도로 충분히 압착되어 있지 않았다. 이것을 둘러싸고 있는 게 바로 탬퍼였다. 탬퍼는 천연 우라늄으로 만들었다. 탬퍼는 핵분열을 일으킬 수 없지만, 임계 도달을 가능케 하는 두 가지 기능을 수행할 만큼 충분히 무거웠다. 첫째 기능은 일단 연쇄반응이 일어나면 중성자를 퉁겨보내서 연쇄반응을 촉진시키는 것이다. 둘째 기능은 연쇄반응이 격렬히 진행되는 10억 분의 몇 초 동안 폭탄이 쪼개지지 않도록 단단히 감싸고 있는 것이다. 탬퍼 바깥에는 약 2,300킬로그램에 달하는 두 종류의 고성능 폭탄이 둘러싸고 있었다. 면밀하게 설계된 이 폭탄은 동시에 사방에서 충격파를 일으킨다. 그래서 탬퍼를 내파시킴으로

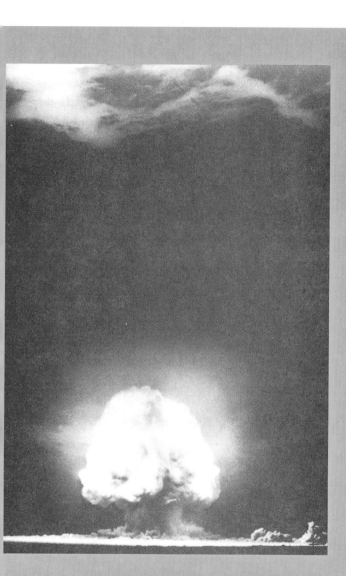

1945년 7월 16일의 트리니티 폭탄 실험
이 폭발의 위력은 TNT 2만 톤과 맞먹는 것이었다. 폭탄을 올려 놓은 탑 아래쪽의 모래는 녹아서 유리가 되었다.

써 플루토늄에 엄청난 압력을 가해서 초임계에 도달하게 한다. 이때 기폭제 역시 서로 충돌을 해서 최초의 중성자 몇 개를 방출해서 연쇄반응을 일으키게 된다.

T라고 불린 폭발용 시계장치가 45초 전부터 자동으로 카운트다운을 시작했다. 카운트다운을 멈추게 할 수 있는 스위치를 가진 사람은 물리학자 도널드 호르니그뿐이었다. 그는 몇 년 후 면담을 할 때 이렇게 말했다.

"마지막 몇 초를 세는 동안만큼 긴장되었던 적이 없었다."

실험으로 입증된 원자폭탄의 엄청난 파괴력

카운트다운이 계속되었다. 모든 사람이 손에 땀을 쥐었다. 지난 6년 동안의 모든 노력의 결과가 이 한 순간에 달려 있었다. 그로브 소장은 『이제는 말할 수 있다』라는 자서전에 이렇게 썼다.

"마지막 순간이 다가올수록 주위에 더욱 괴괴한 침묵이 깔렸다……. 카운트다운이 제로에 이르러서 아무런 일도 일어나지 않으면 어쩌나 하는 걱정만 들었다."

그러나 일이 일어났다. 1945년 7월 16일 오전 5시 29분에 폭탄이 폭발했다. 플루토늄은 약 4.5킬로그램밖에 되지 않았지만, 위력은 TNT 2만 톤과 맞먹었다. 이 '가제트'가 매달려 있던 탑은 완전히 증발해 버렸다. 탑 아래의 모래는 녹아서 유리가 되었다. 그리고 땅에는 지름이 90미터에 이르는 구덩이가 패였다. 이것은 인류 역사상 가장 위력적인 폭탄이었다.

이 섬뜩한 사건에 대해, 한동안 '극비' 문서였던 보고서에 페르미는 이렇게 기록했다.

"나는 그것을 똑바로 바라보지 않았지만, 주위가 갑자기 대낮보다 더 밝아진 것을 느꼈다. 보안경(용접공이 사용하는 것)을 쓰고 있던 나는 무의식적으로 폭발이 일어난 곳을 바라보았다. 둥근 화염이 즉각 위로 치솟기 시작하는 것을 볼 수 있었다. 몇 초 후, 치솟던 불길이 빛을 잃고 우람한 연기 기둥이 되었다. 거대한 버섯 모양의 이 기둥은 구름을 뚫고 9킬로미터 높이로 치솟았다."

또 다른 목격자인 물리학자 이시도어 라비(1898~1988)는 이렇게 말했다.

"엄청난 섬광이 빛났다. 그것은 내가 본 어떤 빛보다 더 밝았다. 작열하는 빛은 와락 우리를 덮치듯 다가와서 우리를 관통하고 지나갔다. 그것을 본다는 것은 눈으로 보는 것 이상이었다……. 그것은 소름이 끼쳤다. 그것은 사람을 향해 날아오는 것 같았다."

에밀리오 세그레는 이렇게 썼다. "그것은 우리를 위압할 만큼 밝은 빛이었다……. 나는 폭발 때문에 대기에 불이 붙어서 지구가 박살날지도 모른다고 생각했다. 그럴 가능성이 없다는 것을 잘 알고 있었는데도 그랬다."

이번의 성공적인 새 프로젝트를 지휘한 오펜하이머는 힌두교 경전인 『바가바드 기타』에 있는 한 구절을 떠올렸다.

"이제 나는 세상의 파괴자인 죽음의 신이 되었다."

이 말에는 깊은 뜻이 담겨 있었다. 불과 며칠 후인 1945년 8월 6일에 에놀라 게이라고 불린 단 한 대의 B29 폭격기가 우라늄 총격형 원자폭탄 하나를 히로시마에 떨어뜨렸다. 단 하나의 이 폭탄 때문에 약 20만 명이 사망했다.

원자폭탄이 불러온 비극

8월 9일, 미국은 나가사키에 두 번째 폭탄을 떨어뜨렸다. 이번에는 내파형 플루토늄 폭탄이었다. 그 위력은 TNT 2만 2,000개의 위력을 지녔던 것으로 추산된다. 이 폭탄 때문에 연말까지 약 7만 명이 사망했고, 이후 5년 동안 그보다 더 많은 사람이 사망했다.

결국 일본 왕 히로히토는 항복을 선언했다. 원자폭탄이 전쟁을 단축시켰다는 것은 의문의 여지가 없다. 일본은 과거의 폭탄을 사용한 폭격을 계속 당하면서도, 끝까지 싸울 준비를 갖추고 있었기 때문이다.

이 두 개의 원자폭탄을 꼭 사용해야만 했는가에 대한 논란이 오늘날까지도 계속되고 있다. 정당성을 주장하는 사람들은 이렇게 말한다. 당시 전쟁이 계속되고 있었고, 비핵무기 폭탄을 사용한 단 하룻밤의 도쿄 공습만으로도 10만 명이 사망했다. 또한 미육군, 해군, 선원들 수천 명이 일본의 침공 계획으로 사망할 위기에 놓여 있었다. 일본은 계속 싸우겠다고 맹세했고, 조국을 지키기 위해 더욱 격렬히 싸웠을 게 분명하다. 미국 병사 입장에서는 전쟁이 단

뚱보(Fat Man)라고 불린
이 내파형 플루토늄 폭
탄이 1945년 8월 9일
나가사키에 투하되었
다. 미국의 해리 트루먼
대통령은 일본이 항복
을 하지 않으면 파괴당
할 거라고 경고한 후,
이 폭탄을 투하하라고
지시했다.

제2차 세계대전 말기에
나가사키에서 원자폭탄
이 폭발하는 모습.

축되어 목숨을 건지게 된 게 천만다행이었다.

당시에도 원자폭탄 투하를 반대한 사람이 있었다. 레오 실라드와 같은 과학자들은 일본의 과학자 등이 지켜보는 가운데 시범으로 원자폭탄 폭발 모습만 보여 주자고 주장했다. 그러면 수많은 인명을 해치지 않고 새 무기의 위력을 충분히 납득시킬 수 있다는 아이디어를 낸 것이다. 그러나 이런 주장은 묵살되었다. 원자폭탄을 완성하고 실험하고 사용하는 데에만 골몰했던 사람들에게는 그런 주장이 귀에 들어오지도 않았을 것이다. 전쟁을 하는 동안의 강렬한 증오와 공포의 감정을 오늘날 다시 떠올리기는 어렵지만, 그래도 원자폭탄 사용은 논란의 여지가 많은 주제이다.

역사적으로 위력적인 무기를 개발함으로써 전쟁의 성격이 변해왔다는 것에 주목해야 한다고 주장한 사람도 있었다. 페르미는 정부의 전후 정책을 자문해 준 과학자 가운데 한 명이었다. 이 과학자들은 핵무기가 한 국가를 강하게 해줄 수도 있겠지만, 국가의 참된 안전은 "아예 더 이상 전쟁이 일어나지 않게 하는 것"에 달려 있다고 경고했다.

전쟁을 종식시킨다는 고상한 목표는 부분적으로만 달성되었다. 원자폭탄은 더 이상 전쟁에 사용되지 않았다. 그러나 히로시마와 나가사키가 폐허가 된 이후 수십 년 동안 수많은 지역에서 계속 전쟁이 벌어졌고, 수많은 나라의 사람들이 목숨을 잃었다. 다른 많은 분야가 그렇듯이 이 점에 있어서도 갈등을 해결하는 인간의 능력은 기술을 발달시키는 능력을 따라가지 못하고 있다.

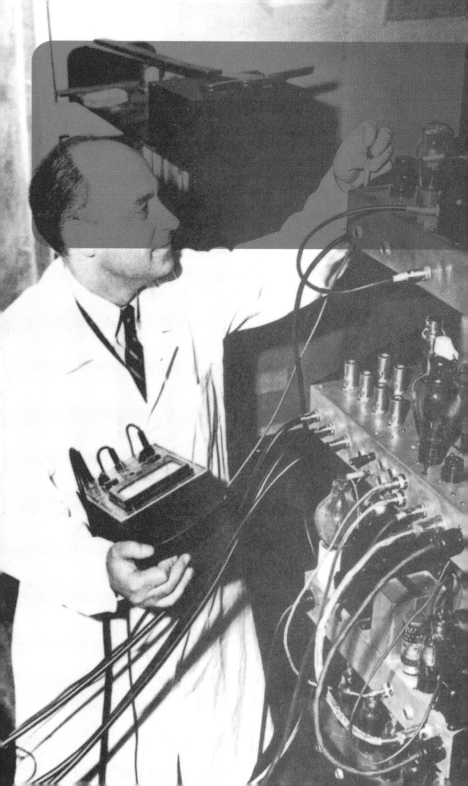

물리학자가 존경받는 시대 6

...기가 속도선택기를 시험하고 있다. 전시에 전자공학이 발달한 덕분에 중성자의 흡수 단면적을 ...하기가 더 쉬워졌다.

이제 전쟁은 끝났다. CP-1과 핸포드 원자로 연구, 그리고 로스앨러모스에서의 연구에서 큰 성공을 거둔 페르미는 이제 새로운 결단을 내려야 했다. 미국이라는 나라 또한 그랬다.

대접받는 영웅, 핵물리학자

미국은 제2차 세계대전에서 연합국과 함께 승리를 거두었다. 원자폭탄이라는 막강한 새 무기를 가진 것은 미국뿐이었다. 따라서 미국은 군사력이 막강해졌지만, 그만큼 책임도 커졌다. 원자력에 대한 지식을 다른 나라와 얼마나 공유해야 할까? 폭탄을 만든 과학자와 공학자들은 원자력이 단순히 원자폭탄에만 사용될 수 있는 게 아니라는 것을 잘 알고 있었다. 이제 핵물리학이라는 새롭고 중요한 과학이 탄생했다. 핵물리학 덕분에 원자력은 전기를 생산하거나 질병을 치료하는 것과 같은 비군사적인 분야에서도 응용될 수 있게 되었다. 이런 사실 때문에 군인들과 과학자들은 충돌을 일으키고 있었다. 페르미는 항상 과학자들이 정치 문제에 나서지 않는 게 좋다고 믿어왔지만, 원자력을 누가 관리할 것인가를 둘러싼 정치적 문제에 휘말리지 않을 수 없었다.

이 시대에는 물리학자가 누구보다 더 존경을 받았다. 물리학자들은 전시에 레이더와 원자무기를 개발하여 국가가 힘을 기르는 데 과학자보다 중요한 사람이 없음을 보여 주었다. 로체스터 대학의 물리학자 아더 로버트는 물리학자의 중요성이 새롭게 인식된 것을 축하해서 다음과 같은 노래가 실린 앨범을 내기도 했다.

1947년에는 물리학자인 것이 너무나 좋아……
은총의 시대에 물리학자인 것이 너무나 좋아.
냉소하던 세계가 마침내 물리학을 떠받들고
상원의원도 입만 열면 경의를 표하네.
사교회장의 여성들은 물리학자에게 홀딱 반하네……

모든 물리학자가 존경을 받았으니, 페르미처럼 노벨 물리학상을 받은 사람은 더 말할 나위가 없었다. 그는 세계 어느 나라의 대학에서든 교수가 될 수 있었다.

감투나 권위보다는 연구의 즐거움을

페르미는 시카고 대학으로 돌아가기로 마음먹었다. 시카고 대학에서는 젊은 총장인 로버트 메이너드 허친스가 아주 멋진 계획을 추진하고 있었다. 그는 과학자가 아니었지만, 과학의 새로운 중요성을 깨닫고 있었다. 그는 아더 콤프턴(1892~1962)이 제안한 계획을 후원해 주었다. 선시에 시카고 대학의 야금연구소 소장이었던 콤프턴은 새로운 과학연구소 세 개를 세웠다. 무엇보다도 중요한 것은 핵연구소였다. 페르미는 20년 전에 로마에서 그랬던 것처럼 그곳을 자신이 추구하는 물리학 분야의 중심지로 만들 수 있다고 보았다. 페르미는 근처의 아르곤 국립 연구소 (과거의 야금연구소)의 CP-3에서 만든 강력한 중성자원을 가져와서 자기가 원하는 온갖 연구를 했다. 여느 핵물리학자와 마찬가지로, 페르미는 더욱 높은 수준의 에너지를 지닌 가속기를 만들어서 원자핵 내부의 작용을 탐구하는 데 열중했다.

페르미는 원하기만 하면 새로운 연구소의 소장이 될 수 있었다. 그러나 그는 시카고 파일과 로스앨러모스에서 함께 일했던 샘 앨리슨에게 소장 자리를 넘겨 주었다. 괜히 행정적인 일에 시간을 뺏기고 싶지 않았기 때문이다. 페르미는 시카고 대학의 물리학부와 새 연구소로 다른 스타 물리학자들을 데려왔다. '슈퍼'라고 불린 수소폭탄에 푹 빠진 에드워드 텔러도 데려왔고, 허버트 앤더슨도 데려왔다. 앤더슨은 콜롬비아 대학 시절의 제자였고, CP-1과 로스앨러모스에서 그가 이끌던 팀의 팀원으로 있었는데, 이제 시카고 대학의 교수가 되었다. 시카고 파일이 임계에 도달했을 때 유일한 여성 연구원으로 일한 레오나 마샬도 시카고 대학 교수가 되었다.

맨해튼 계획에 참여했고, 페르미의 명성을 잘 알고 있던 젊은 과학자들도 시카고 대학으로 왔다. 당시에 대학원생이었거나 박사후 과정을 밟던 사람들은 이후 물리학 분야에서 뛰어난 능력을 발휘했고, 일부는 노벨 물리학상까지 받았다.

페르미는 연구소에 항상 칠판을 세워 놓고, 자신이 깨달은 이론을 후배나 동료들에게 가르쳐 주었다.

페르미는 젊은이들과 함께 있는 것을 좋아했다. 그는 학생들과 점심을 같이 먹었고, 이탈리아에서처럼 자주 세미나를 열었다. 미국에 온 지도 어느덧 6년이 되어 완전히 미국인이 된 페르미는 게임과 춤과 하이킹을 즐겼다. 대학 근처에 있는 페르미의 새 집으로 놀러오는 과학자 친구도 많았다.

원자력을 둘러싼 정치 게임

그러나 모든 것이 재미있기만 한 것은 아니었다. 고민해야 하고 토론해야 할 새로운 쟁점도 많았다. 원자력이라는 새로운 분야가 등장하자 새로운 법이 필요했다. 원자력을 민간인이 관리할 것인가? 이 기술을 비밀로 할 것인가? 이런 문제가 특히 쟁점이 되었다. 페르미는 최대한 자유롭게 기술을 주고받길 원했다. 원자폭탄을 만드는 상세한 방법까지 공개하고 싶어하는 사람은 아무도 없었지만, 기본적인 핵물리학에 대한 자유 토론을 할 수 있다면 과학의 진보에 도움이 될 것이다.

원자력 관리권을 둘러싼 다툼 때문에 과학자들은 처음으로 의회의 힘 있는 입법가들에게 로비하는 기술을 터득하게 되었다. 당시 메이-존슨이라고 불린 법안이 의회에 상정되어 있었다. 대부분의 법안 내용은 전쟁국에서 작성했기 때문에 과학자가 원하는 내용은 거의 포함되지 않았다. 이 법안은 핵무기만이 아닌 모든 형태의 원자력 개발을 군대에서 맡는 것으로 되어 있었다. 대부분의 과학자들이 이 법안에 반대했다. 그들은 원자력을 민간인이 관리하면서, 자유롭게 연구하고 평화롭게 사용할 수 있기를 원했다. 그렇게 하면 민간인 대통령을 군대의 최고 사령관으로 삼는 미국의 전통과도 잘 맞아떨어졌다.

과학자들은 대체법안인 맥마흔 법안을 통과시키기 위한 로비를 했다. 여러 달 동안 청문회와 토론을 거친 후, 결국 민간인 관리 법안이 약간의 수정을 거쳐서 통과되었다. 그래서 미국 원자력위원회(AEC)가 발족되어 군대와 맨해튼 계획의 관련 시설을 넘겨받았다. 흥미롭게도 페르미는 군대가 관리권을 가져야 한다는 메이-존슨 법안을 지지했다. 그는 오펜하이머 등과 함께 메이-존슨 법안을 통과시켜야 한다고 탄원했다. 페르미는 원자력 개발이 지연될까봐 걱정했던 것이다. 그러나 그것은 공연한 걱정이었다. 맥마흔 법안이 통과된 후 페르미는 원자력위원회의 자문위원이 되었다.

원자력위원회에는 과학자와 공학자로 이루어진 일반자문위원회(GAC)가 있었다. 최초의 GAC 의장은 오펜하이머였고, 페르미는 8명의 위원 가운데 한 명이었다. 페르미는 그런 위원이 되고 싶어할 사람이 아니었다. 그러나 미국에서 성공적으로 자리를 잡은 이탈리아 출신의 이민자였던 페르미는 강한 의무감을 느꼈다. GAC 위원으로 있던 5년 동안, 그는 자주 워싱턴에 가서 자문을 해주어야 했다. 페르미와 동료 자문위원들은 미국의 안보와 안전을 위한 중요한 쟁점에 대해 논의했다. 사실 이 쟁점들은 미국만이 아니라 모든 인류의 미래를 위해 매우 중요한 것이었다. 원자무기를 어떻게 관리할 것인가의 쟁점도 다루었기 때문이다.

수소폭탄 개발을 반대한 페르미

1949년 10월 말에 일반자문위원회는 수소폭탄을 즉시 개발할 것인가의 문제를 다루었다. 당시 러시아에서 원자폭탄 개발에 성공함으로써 이제 원자폭탄의 미국 독점 시대는 끝이 났기 때문이다. 불행히도 전시에는 연합국이었던 미국과 러시아는 냉전 관계의 적국이 되고 말았다. 그런데도 GAC 위원들은 수소폭탄 개발에 반대했다.

나아가서 페르미와 라비(역시 자문위원이었던 물리학자)는 수소폭탄을 만들 경우 그 위력이 너무 가공할 만한 것이어서 "그런 무기를 개발하기 시작한다는 것은 윤리에 어긋난다"고 주장했다. 그런 전문가들의 의견에도 불구하고 1950년 1월 31일에 해리 트루먼은 수소폭탄 개발을 지시했다. 러시아에 대한 공포가 정치적 압력으로 작용해서 불가피하게 그런 결정을 내렸던 것이다.

GAC 위원들은 그밖에도 다른 많은 쟁점을 다루었다. 페르미는 이 일에 자신의 지식과 양심과 강렬한 의무감을 다 바쳤다. 오늘날 특별한 능력을 지닌 시민들이 정부에 자문을 해주기 위해 부름을 받아서 그처럼 노력을 다하는 것은 자연스러운 일이 되었다. 페르미는 워싱턴으로 가서 자문

**1947년 원자력위원회
의 일반 자문위원들**
왼쪽에서부터 제임스
코넌트, 로버트 오펜하
이머, 제너럴 제임스 맥
코맥, 하틀리 로, 존 맨
리, 이시도어 라비, 로
저 웨머.

을 해주느라고 시카고에서 강의와 세미나를 하지 못하는 것을 원치 않았을지도 모른다. 그러나 미국은 그의 망명을 받아 주었다. 그와 아내와 자녀들은 이제 미국 시민이었다. 그는 다른 많은 일에서 그랬던 것처럼 자문위원 역할을 하는 데에도 뛰어났을 것이다.

모자람 없이 완벽한 페르미 교수

페르미는 시카고에서 두 가지 일을 하는 데 아주 뛰어난 능력을 발휘했다. 첫째로, 페르미는 시카고 대학의 물리학 정교수로 일했다. 그는 물리학 강의를 하면서 세미나를 열고 대학원생을 지도했는데, 실험과 이론 모두를 가르쳤다. 페르미의 강의는 알아듣기 쉬운 것으로 유명했다. 그는 모든 강의를 꼼꼼히 준비했다. 훗날 노벨상을 받은 한 제자는 이렇게 회상했다.

"토론은 아주 기초적인 수준이었다. 그리고 항상 본질적이고 실질적인 내용이 강조되었다……. 우리는 그것이야 말로 참된 물리학이라는 걸 배웠다."

둘째로, 페르미는 핵 연구소에서 일했다. 거기서 페르미는 이론과 실험에 모두 뛰어난 희귀한 재능을 유감없이 발휘해서 새로운 이론을 만들어 내는 한편, 진보된 핵물리학 실험을 이끌었다. 이론물리학자였던 그는 연구실에 항상 칠판을 세워 두었다. 그는 방정식을 풀거나 방문객에게 설명을 해줄 때 이 칠판을 이용했다. 한편 실험물리학자이기

도 했던 그는 연구실 옆에 좋은 장비를 갖춘
실험실을 두고 언제든 필요한 실험을 해볼
수 있었다.

다시 중성자물리학 연구에 몰두하다

그는 중성자물리학으로 돌아갔다. 중성자
물리학은 그의 첫사랑이라고 할 수 있는 것
이다. 이제 그는 로마에서 사용했던 약한 중
성자원인 폴로늄-베릴륨보다 훨씬 더 강력
한 중성자원을 이용할 수 있었다. 시카고에서 차로 한 시
간쯤 달리면 일리노이 주 레몬트에 아르곤 국립 연구소가
있었다. 그곳에는 원래의 CP-1보다 훨씬 개량된 원자로
가 있었다. 이 원자로는 감속재로 중수를 사용했다. 중수
란 물(H_2O)의 수소 원자(H)가 무거운 동위원소인 H_2로 바
뀐 물이다. 또한 이 원자로는 흑연도 사용해서 방출된 중
성자가 이 흑연 기둥을 통과하도록 되어 있었다.

페르미와 같은 실험 철학을 지니고 있었던 동료 연구원
레오나 마샬은 전후 중성자 연구를 평가한 글에서 이렇게
페르미를 평했다.

밝혀질 듯한 미지의 세계를…… 그는 단도직입적인 방법으로 측
정했다. 그 결과를 이해하려면 다시 새로운 방법으로 측정해 봐야
했다. 그의 공동연구자로서 우리는 그가 순탄하게 실험을 이끌 때

레오나 마샬은 시카고
대학, 핸포드, 아르곤
국립 연구소에서 페르
미와 함께 연구를 했
다.

중수소와 중수
보통의 수소 즉 경수소
의 핵은 양성자 하나로
만 되어 있다. 중수소의
핵은 양성자 하나와 중
성자 하나, 삼중수소의
핵은 양성자 하나와 중
성자 둘로 되어 있다. 중
수소에는 중성자가 하나
들어 있으니까, 중수는
당연히 중성자를 잘 흡
수하지 않는다. 그래서
원자로의 감속재로는 경
수보다 중수가 낫다. 경
수(輕水)는 보통의 물을
뜻한다.

면 정말 합리적이고 유능하다는 것을 느꼈다. 그는 어려움에 처할 때면 오히려 은근히 좌절을 즐기는 것 같았다.

이러한 자세는 우리의 삶에도 훌륭하게 적용할 수 있을 것 같다. 페르미는 좌절을 즐긴다는 마음가짐으로 어려움을 극복해 나갔던 것이다.

페르미는 강한 중성자원을 이용해서, 특별히 선택한 중성자 에너지를 가진 다른 물질의 속성을 연구할 수 있었다. 그는 특별한 에너지를 가진 중성자를 선택하는 데 두 가지 방법을 사용했다. 판이하게 다른 이 두 가지 방법은 원자로에서 방출된 중성자를 묘사하는 두 가지 방법이기도 하다. 한 가지는 중성자를 입자의 흐름으로 보는 것이고, 다른 한 가지 방법은 중성자를 파동으로 보는 것이다.

입자 방법은 속도선택기(특정 속도의 입자만을 골라 내는 장치)를 사용해서, 속도가 다른 중성자를 분리해 낸다. 속도선택기는 회전하는 셔터(개폐기)를 사용한다. 이 셔터는 중성자를 흡수하는 얇은 카드뮴 포일과 중성자를 쉽게 통과시키는 얇은 알루미늄 시트를 차례로 겹쳐 놓은 것이다. 이것이 회전할 때 셔터가 '열린다'. 그러면 카드뮴이 순간적으로 길을 열어 줘서, 중성자를 지나가게 한다. 그럼으로써 더 빠른 중성자가 더 느린 중성자보다 앞서가고, 각각의 속도에 따라 중성자가 공간 속에 퍼지게 된다. 중성자는 일정한 거리만큼 떨어져 있는 여러 검출기를 향해 나아간다. 검출기는 중성자가 나아가는 길에 중성자를 흡수

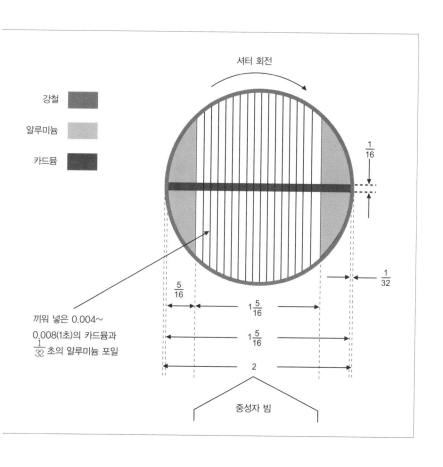

셔터 회전

강철

알루미늄

카드뮴

$\frac{1}{16}$

$\frac{1}{32}$

$\frac{5}{16}$

$1\frac{5}{16}$

$1\frac{5}{16}$

2

끼워 넣은 0.004~
0.008(1초)의 카드뮴과
$\frac{1}{32}$ 초의 알루미늄 포일

중성자 빔

**속도선택기 셔터의 단
면도**

셔터는 이 페이지와 수
직을 이루는 축을 중심
으로 회전한다. 중성자
는 그림과 같은 셔터
위치에서만 카드뮴의
포획을 피해서, 그림과
같은 방향으로 나아갈
수 있다.

하거나 산란하는 과녁을 가지고 있다. 특정 속도로 나아가는 중성자가 검출기에 도착했을 때, 그리 복잡하지 않은 전자회로가 중성자 검출기를 작동시킨다. 이런 식으로 실험자들은 셔터에서 과녁까지의 거리를 정해 놓고, 특정 속도로 특정 시간만큼 이동한 중성자만을 골라 낼 수 있다.

특정 에너지를 지닌 중성자를 골라 내는 두 번째 방법은 중성자의 파동 속성을 이용한 것이다. 우리의 일상 경험과 맞아떨어지는 뉴턴 역학과 달리, 양자역학이 적용되는 원자 세계에서는 중성자가 파동처럼 움직일 수 있다. 그래서 중성자는 파장에 따라 분리될 수 있다. 그건 프리즘을 통과한 빛이 여러 색깔의 스펙트럼으로 분리되는 것과 마찬가지이다. 페르미는 특정 파장(특정 에너지)의 중성자를 골라 내기 위해 플루오르화 칼슘(CaF_2) 등의 결정체를 사용했다. 이 결정체에서 중성자가 반사되는 각도를 조절하면, 파장(에너지)의 차이에 따라 다른 과녁 물질에 다른 중성자가 흡수된다. 이런 연구를 통해 페르미는 핵의 구조가 어떻게 생겼는지를 알아 냈다.

중성자를 빛처럼 다룬 페르미

페르미는 또 다른 결정체에서 단일 에너지 빔(beam : 입자의 흐름)이 반사되는 일련의 멋진 실험을 했다. 이 실험을 통해 '산란 파장'이라는 것을 알아 냄으로써 결정체 안에 있는 원소들에 대한 정보를 알아 낼 수 있었다. 이것은 중성자의 파동성을 이용한 것으로, 반사 혹은 산란한 중성자의 파장은 결정체 속의 원자간 간격과 일치한다. 그래서 그걸로 고체의 결정 구조 등을 알아 낼 수 있다. 그는 또한 빛을 거울에 반사시키듯이, 중성자 빔을 매끈한 거울에 반사시키는 단순한 실험을 하기도 했다. 이러한 것이 바로 중성자 광학이다.

빛을 반사시키는 거울이 있듯이 중성자를 반사시키는 거울도 있으리라는 페르미의 발상은 항상 전체를 생각하며 물리학 분야를 통합시킨 멋진 예이다. 마찬가지 방식으로, 페르미는 결정체가 X선을 어떻게 굴절시키는지를 연구하면서 발전해 온 기술과 이론을 도입해서 중성자에 적용시켰다. 무엇이든 페르미와 같은 완벽한 물리학자의 손에 들어가면 모든 것이 척척 맞물렸다.

메손과 파이온

페르미의 새 연구는 물리학 분야를 더욱 통합시키는 쪽으로 나아갔다. 1947년부터 페르미가 내놓은 여러 논문은 새로운 입자와 새로운 관심사를 다루었다. '메손(중간자)', '파이온(파이중간자)'이라는 용어와 '메손은 기본 입자인가?'라는 제목이 그의 논문의 핵심을 이루게 되었다. 전후에는 핵을 결합하고 있는 것에 대한 관심이 물리학계를 휩쓸었다. 핵 속의 양성자들은 같은 양전하를 띠고 있기 때문에 서로 반발해서 퉁겨나가야만 하는데 그렇지가 않다.

메손
중간자라고 하며, 소립자 중에서 전자보다 무겁고 양성자보다 가벼운 입자이다. 중성자와 양성자들 사이에 작용하는 핵력을 매개하는 입자이다.

파이온
원자핵 안에서 양성자와 중성자를 결합시키는 역할을 하는 소립자로 파이 중간자라고도 한다. 음·양·중성의 하전 상태를 가지는 세 가지 종류가 있다.

그렇다면 뭔가 또 다른 힘이 이웃에 있는 중성자들과 함께 양성자들을 결합시키고 있다고 볼 수밖에 없다. 이 힘이 바로 강력(핵력)이라는 것이다.

메손이란 중간 입자(중간자)라는 뜻이다. 양성자와 중성자의 질량은 거의 동일한데, 메손의 질량은 양성자나 중성자 질량의 약 5분의 1이고, 전자에 비하면 수백 배 무겁다. 그처럼 핵자와 전자의 중간 질량을 가졌다는 뜻에서 중간자라는 이름을 갖게 되었다. 훗날 중간자에는 여러 종류가 있다는 것이 밝혀졌다. 1947년부터 몇 년 동안 페르미의 관심을 끈 것은 파이중간자, 즉 파이온이었다(중간자 가운데 가장 가벼운 것이 파이온이다). 중간자는 1935년에 일본의 물리학자 유카와 히데키(湯川秀樹, 1907~1981)가 이론적으로 존재를 예견한 것이다. 히데키는 중간자라는 게 존재하기 때문에 핵자(중성자와 양성자)들 사이에 작용하는 강력을 매개할 수 있다고 주장했고, 제2차 세계대전 후 그것이 사실로 밝혀졌다. 페르미는 1952년의 대중 강연에서 중간자와 강력에 대해 이렇게 풀이했다.

강력(핵력)
핵자들을 결합하고 있는 힘. 자연계에는 오직 4종류의 힘만이 존재한다. 강력, 약력, 전자기력, 중력. 강력은 전자기력의 100배, 약력의 수천 배, 중력의 1035배이다. 참고로 약력은 방사성 붕괴를 일으키는 힘이다.

유카와 히데키의 이론에 따르면, 중성자는 때로 양성자와 파이온으로 변합니다. 즉 파이온을 방출하면 양성자가 되고, 파이온을 다시 흡수하면 중성자가 되지요. 이렇게 방출과 재흡수가 되풀이됩니다(이렇게 파이온이 오가면서 강력을 형성하는데, 강력의 성질에 대해서는 아직 밝혀지지 않은 점이 많다). 방출과 재흡수를 하자면 엄청난 에너지가 필요합니다……. 이 에너지는 누가 대줄

왼쪽에서부터 페르미,
에밀리오 세그레, 유카
와 히데키, 지안 카를로
위크(1948년 캘리포니아
주 버클리에서).

까요? 아무도 대주지 않습니다. 다만 빌려옵니다. 에너지 은행에는 아주 특별한 규칙이 있는데, 빌리는 에너지가 클수록 빌리는 기간(대출기간)은 그만큼 짧다는 겁니다.

페르미는 계속해서 양자역학에서 '대출' 기간을 어떻게 설정하는지, 그래서 파이온이 재흡수되기 전에 중성자에서 얼마나 멀리까지 날아가는지를 설명했다. 이런 추론을 통해 파이온의 질량을 구할 수 있는데, 그 값은 실험실에서 파이온을 관측할 수 있을 만큼 강력한 입자가속기가 개발된 후 관측해 낸 값과 거의 일치했다.

물리학자들의 호기심을 자극한 우주선

핵 속의 이러한 구성물질에 대한 새로운 증거는 우주선(우주에서 지구로 비오듯 쏟아져 들어오는 높은 에너지의 미립자와 그 방사선) 연구를 통해서도 얻을 수 있었다. 물리학자들은 계수기를 담은 기구를 하늘 높이 띄우고, 산꼭대기에 실험실을 세워서 이 우주선을 연구했다. 계수기를 아주 두꺼운 납덩이로 감싸도 이 납을 뚫고 들어오는 우주선이 있었다. 이건 대체 무슨 입자일까? 어디서 온 것일까? 우주선은 모든 핵이 핵자들 사이를 오가는 입자에 의해 결합되어 있다는 이론과 어떤 관계를 지닌 것일까?

핵무기에 대한 연구로부터 자유로워진 전후의 많은 물리학자들을 사로잡은 것은 바로 이런 궁금증이었다. 물리학자들의 탐구 중독증을 들쑤시는 새로운 대상이 등장한 것이다. 그래서 대학마다 경쟁적으로 가속기를 만들게 되었다. 새로운 가속기는 양성자나 전자를 전쟁 이전보다 수백 배나 더 빠르게 가속시킬 수 있었다. 이런 가속기는 베타트론, 싱크로트론, 혹은 싱크로사이클로트론이라고 불렸다. 그리고 이런 기계를 설계하고 제조하는 게 물리학과 공학의 새로운 핵심 분야로 떠올랐다.

산란 기술과 '페르미 수레'를 이용한 파이온 실험

페르미의 핵연구소도 그런 경쟁에 뛰어들었다. 이 연구소의 가속기는 양성자를 가속시켜서 4억 5,000만 볼트에 달하는 에너지를 갖게 할 수 있었다. 이런 가속기는 입자를 둥근 회로를 따라 계속 밀어 내면서 점점 더 에너지를 증가시킨다.

페르미는 이 가속기를 이용할 때에도 실험의 핵심을 간파해 내는 날카로운 감각을 멋지게 발휘했다. 겉보기에 복잡해 보이는 모든 것의 밑바탕을 이루는 것은 몇 가지의 단순한 원리이다. 이런 사실 덕분에 물리학은 통합이 가능하다. 페르미는 낮은 에너지의 중성자로 했던 것을 아주 높은 에너지의 파이온으로도 해낼 수 있다고 생각했다. 「수소 속의 음전하를 띤 파이온의 전체 단면」과 같은 논문에 실린 페르미의 실험은 워낙 복잡해서 이 책에서는 다룰 수 없다. 그러나 이 제목만 살펴보아도, 페르미가 항상 그랬듯이 아주 단순한 사례(가장 가벼운 원소인 수소)를 다루고 있다는 것을 잘 알 수 있다. 이 실험에서 페르미는 전체적인 통찰을 위해 그가 잘 아는 산란 기술을 동원했다.

대중 강연에서 페르미는 산란 기술에 대해 이렇게 풀이했다.

그건 양성자에 파이온을 충돌시켜서 어떻게 굴절하는지를 알아보는 것입니다. 그 굴절의 특징, 굴절각, 에너지 상태 등을 살펴봄으로써 우리는 어떤 힘이 작용해서 그런 굴절을 일으켰는지를 알아 내려고 합니다.

「전체 단면」이란 논문 이후 몇 년 동안 페르미는 파이온 산란에 대해 더욱 세련된 연구 논문을 계속해서 발표했다. 페르미가 이런 실험을 하고 그 결과를 예리하게 분석해 냄으로써, 물리학자들은 당시에 인기 있는 주제였던 강력에 대한 잘못된 이론 중 다수를 폐기처분할 수 있었다.

'페르미 수레'라고 불리게 된 기계장치는 실험물리학자 페르미의 진가를 보여 주었다. 산란 실험에서 쓰는 파이온은 사이클로트론 속에서 높은 에너지로 가속된 양성자가 과녁을 때릴 때 만들어진다. 에너지가 다른 파이온을 얻기 위해서는 과녁을 이동할 필요가 있다. 그러자면 정말 귀찮은 작업을 해야 한다. 먼저 기계를 꺼야 하는데, 그러면 가속기 속에 만들어 놓은 진공 상태가 깨진다. 그리고 과녁을 이동시킨 다음 다시 기계를 가동시켜야 한다. 페르미는 과녁을 이동시킬 수 있는 작은 수레를 고안했다. 이 수레는 회로 궤도 안에서 양성자를 유도하는 거대한 자석의 표면 위로 굴러갈 수 있다. 페르미는 수레에 실은 작은 코일에 전류를 통하게 하는 것 외에도, 사이클로트론의 자기장을 이용해서 동력을 얻을 수 있다고 생각했다. 그러면 수레를 필요한 만큼 멀리 이동시킬 수 있었다. 페르미의 수레가 노벨상 감은 아니었지만, 이 수레에는 직접적이고 단순하며 독창적인 것을 좋아하는 페르미의 취향이 잘 드러나 있다.

파이온 실험이 중요하기는 했지만, 그렇다고 해서 항상 그런 실험만 했던 것은 아니다. 그는 이후 몇 년 동안 25편이나 되는 논문을 발표했다. 페르미는 항상 관심이 폭넓어서 논문들의 주제도 다양했다. 그는 우주에도 관심이 많아서, 우주 공간의 자기장을 이용해 우주선을 아주 높은 에너지로 가속시킬 수 있는 방법에 대한 논문도 발표했다. 또한 그는 미래에도 관심이 많아서, 장차 컴퓨터로 할 수 있는 일이나 컴퓨터의 완전한 활용법 등에 대한 연구도 했다.

오펜하이머를 위한 증언

페르미는 로스앨러모스에서 1953년 여름을 보냈다. 그곳에 있는 대형 컴퓨터(MANIAC)를 이용해서 파이온 산란 실험의 결과를 분석했다. 그는 또 컴퓨터를 사용해서 할 수 있는 단순한 모의실험 분야를 개척했다. 그가 만든 모

의실험은 비선형 문제 (직접적인 수학적 해답이 없는 문제)라고 부르는 것의 해답을 어림짐작하기 위한 것이었다. 1953년에 페르미는 미국 물리학회 회장으로 뽑혔다. 이 학회는 미국 최고의 물리학자들의 모임이다.

그가 회장이 되기로 마음먹은 것은 과학자들이 공격을 당하고 있었기 때문이다. 당

페르미는 로스앨러모스의 대형 컴퓨터(MANI-AC)를 사용해서, 파이온 산란 실험 결과를 분석했다. 1952년에 만든 이 컴퓨터는 오늘날의 컴퓨터에 비하면 속도가 매우 느리지만, 전시에 사용된 기계적 계산기에 비하면 훨씬 더 우수했다.

시 미국은 국가 안보에 대한 걱정과 공산주의자에 대한 적대감으로 온 나라가 들끓고 있었다. 그런 걱정들은 위스콘신 주의 상원의원인 조셉 맥카시 등이 정치적인 목적 때문에 크게 과장하고 조장한 것이었다. 온 나라가 히스테리에 사로잡힌 상황에서, 원자폭탄 개발을 성공적으로 이끈 오펜하이머가 기소되었다. 1936년부터 1942년까지 러시아의 첩자 노릇을 했다는 이유였다. 원자력위원회(AEC)의 새 의장으로 임명된 루이스 슈트라우스는 오펜하이머가 조사를 받는 동안 비밀취급인가를 잠정 취소한다고 선언했다. 오펜하이머는 영웅이었고, 물리학계의 신화적 인물

이었다. 그는 이론물리학자이자 행정가로서의 뛰어난 재능을 발휘해서 전쟁을 종식시킨 핵무기를 개발하기까지 했다. 그런데 그의 '충성'이 의심을 받게 된 것이다.

1954년 봄에 청문회가 열렸고, 40명 이상이 증언을 했다. 페르미는 오펜하이머가 결백하다고 증언했다. 페르미와 오펜하이머는 AEC의 일반자문위원회에서 동료 위원으로서 함께 수많은 결정을 내린 적이 있었다. 페르미는 오펜하이머가 얼마나 건전한 자문을 했는지 입증할 수 있었다. 그러나 오펜하이머가 수소폭탄 제조계획에 반대했다는 것 때문에 국가에 대한 그의 충성을 의심하는 사람들이 있었다. 결국 오펜하이머는 비밀취급인가를 완전히 취소당했다.

이제 페르미는 전혀 다른 문제로 고통을 받게 되었다. 이 문제만 없었다면 분명 그는 더욱 수준 높은 연구를 할 수 있었을 것이다. 그러나 이제는 그럴 수가 없게 되었다. 1954년 봄, 한창 연구에 몰두하던 그의 몸 속에서 암이 자라고 있었던 것이다.

위대한 사람으로
역사에 남다

1954년, 이탈리아의 이솔라 드엘바에서 휴양 중인 페르미
여름에 이탈리아와 프랑스에서 물리학을 강의했던 페르미는 11월에 세상을 뜨고 말았다.

1954년 여름, 페르미는 유럽으로 갔다. 그는 아름다운 코모 호숫가에서 이탈리아 물리학회가 주최한 여름 학교에서 파이온의 산란에 대해 강의했다. 과거에 그랬던 것처럼 그는 주위의 시골 지방을 걸어서 여행하고 싶었다. 그런데 어쩐지 힘이 없었다. 뭔가 잘못된 게 분명했다.

담대하게 맞이한 치명적인 선고

시카고로 돌아온 그는 비극적인 병명을 알게 되었다. 검진을 위한 수술 결과 암이라는 것이 밝혀진 것이다. 암은 이미 여러 곳에 퍼져 있었다. 치료할 희망은 전혀 없었다. 위대한 물리학자의 삶은 이제 고작 몇 주밖에 남지 않았다.

페르미가 치명적인 병에 걸렸다는 소식은 과학계 전체에 재빨리 알려졌다. 『물리학자, 엔리코 페르미』라는 전기에서, 에밀리오 세그레는 그런 소식을 어떻게 들었는지에 대해 다음과 같이 썼다.

나는 남아메리카로 여행을 갔다가 돌아오자마자 전화를 받았다. 샘 앨리슨이 거의 알아들을 수도 없을 만큼 풀죽은 목소리로 그날 아침에 있었던 페르미의 수술 결과를 얘기했다. 나는 페르미의 건강이 좋지 않았다는 것을 전혀 몰랐다. 그러나 앨리슨의 말투만으로도 즉시 그 사실을 알아차릴 수 있었다. 나는 최대한 빨리 시카고로 갔다. 페르미는 입원했고, 부인이 간병을 하고 있었다. 페르미는 정맥주사를 맞고 있었는데, 페르미답게 주사액의 방울 수를 세고 스톱워치로 시간을 재서 영양분 공급량을 측정하고 있었다. 그는 물리학과 무관한 것을 대상으로 삼아서 평소처럼 진지하게 물리학 실험을 하고 있는 것처럼 보였다.

세그레는 페르미의 첫 제자 가운데 한 명이었다. 시카고 대학에서 가르친 가장 최근의 제자 가운데 한 명인 C. N. 양도 병 문안을 갔다. 그는 이렇게 썼다.

페르미가 병을 자각한 것은 1954년 가을부터였다. 머리 겔만과 나는 시카고로 가서 빌링스 병원에 입원한 페르미를 찾아갔다. 우리가 병실에 들어섰을 때, 그는 책을 읽고 있었다. 그 책은 자연적 장애와 불운을 의지력으로 극복한 사람들에 대한 이야기 모음집이었다. 그는 몹시 야위었지만 별로 슬퍼 보이진 않았다. 그는 아주 태연하게 자신의 상태를 말해 주었다. 의사들이 며칠 후면 퇴원을 해도 좋다면서 몇 달 살지 못할 거라고 말했다는 것이다. 그리고 그는 침대 곁에 있는 공책을 보여 주며, 핵물리학에 관해 집필한 것이라고 말했다. 그는 퇴원을 한 후 두 달 안에 그것을 교정해서 출판할 계획이었다. 겔만과 나는 그의 소박한 결심과 물리학에 대한 헌신에 압도되어 잠시 그의 얼굴을 똑바로 바라볼 수가 없었다(페르미는 우리가 방문한 후 3주도 안 되어 사망했다).

위대하고 명예로운 죽음

1954년 11월 16일에 그의 죽음이 임박하자 원자력위원회는 페르미의 공로를 인정해서 2만 5,000달러의 특별 상금을 지급하기로 했다. 드와이트 아이젠하워 대통령은 원자력위원회에서 올린 특별상 추천을 "열정적으로 수용"해서, 페르미의 명예를 높여 주었다.

페르미는 1954년 11월 29일에 사망했다. 그의 묘비명은 짤막하고 명료하다.

엔리코 페르미
1901~1954
물리학자

우리 시대의 그 어떤 물리학자 이상으로 페르미의 이름과 업적은 지금도 생생히 살아 있다. 그에 대한 가장 실질적인 기념물로는 페르미 국립 가속기 연구소가 있다. 시카고에서 서쪽으로 56킬로미터 떨어져 있는 이 거대한 연구소는 페르미의 뜻을 살린 연구를 지금도 계속하고 있다.

또 다른 명예도 주어졌다. 페르미가 로스앨러모스를 떠나 연구에 몰두했던 핵연구소는 페르미를 기려서 엔리코 페르미 연구소로 이름이 바뀌었다. 페르미가 마지막 해 여름에 강의를 했던 이탈리아 물리학회의 여름 학교에도 그의 이름이 붙여졌다.

페르미가 죽은 이듬해인 1955년에 원자번호가 100인 방사성 원소는 그를 기려서 페르뮴이라고 명명되었다(페르뮴은 아인슈타인을 기려서 명명된 아인슈타이늄과 함께 1952년에

일리노이 주 바타비아
에 있는 페르미 국립
가속기 연구소

발견된 초우라늄 원소이다). 이제 페르미란 이름은 많은 물리학 분야에서 그가 만든 이론을 장식하는 말로 사용되고 있다. 물론 처음으로 그의 이름이 쓰인 것은 페르미-디랙 통계이다. 페르미 면과 페르미 준위도 유명하다.

우주는 주로 중성자와 양성자, 그리고 전자로 이루어진 물질로 가득 차 있다. 따라서 우주는 페르미온으로 가득 차 있다. 페르미온이야말로 우주와 관련된 물리학을 너무나 잘 알았던 한 위대한 물리학자를 기리는 멋진 이름이 아닐 수 없다.

뛰어난 학자이자 자상한 스승

핵 연쇄반응 발견 50주년 기념식을 할 때, 오랫동안 페르미와 함께 일했던 과학자들은 시카고 대학에서 기념 모임을 가졌다. 페르미의 제자들과 과거 동료들은 이날 페르미에 대한 추억을 나누었다.

연사들은 한결같이 페르미가 교사로서 특별한 재능을 지니고 있었다고 말했다. 예를 들어 한 사람은 이렇게 말했다. "그는 가르치는 것을 즐겼습니다. 그는 또한 요지를 빨리 이해하지 못하는 학생들을 사랑스러워했습니다. 또다시 설명을 해줄 수가 있어서 기쁨이 두 배로 늘어났기 때문입니다." 다른 연사는 페르미가 가르친 교훈에 대해 얘기했다. "모든 것을 따져 보라. 그러나 원하기만 하면 아마도 뭐든지 할 수 있을 거라고 생각함으로써 자신을 속이

지 말라. 모든 것을 따져보고 그 결과를 써놓도록 하라. 필요할 때 다시 되새길 수 있도록.” 세 번째 연사는 이렇게 회상했다. “우리가 문제로 여기는 것에 파고드는 페르미의 능력 덕분에 그와 함께 일한다는 것은 여간 즐겁지 않았습니다.”

그들은 또한 페르미가 얼마나 겸허했고, 신중했고, 잘난 척하는 것을 싫어했고, “사욕을 챙기기 위한 권력 행사”를 싫어했는지를 지적하며, 페르미의 인간성을 높이 평가했다. 한 동료 연구원은 이렇게 말했다. “페르미는 자상하고 현명한 친구처럼 우리를 대했습니다⋯⋯. 그는 물리학을 신바람 나는 일로 만든 놀라운 사람이었어요.”

친구였거나 제자였던 그들은 또한 페르미가 얼마나 경쟁심이 강했는지를 얘기했다. 한 사람은 이렇게 말했다. “그는 이기길 좋아했습니다.” 페르미는 또한 자신의 체력을 자랑스러워했다. 그는 얼음장 같이 차가운 미시건 호수에 뛰어든 적이 있었다. 제자들은 그걸 따라하지 못하고 얼굴만 붉혔다.

페르미는 자신의 지성을 놀라울 정도로 집중해서 사용할 줄 아는 사람이었다. 게다가 넘치는 정열로 수준 높은 언구를 끈질기게 계속 해나갈 수 있었다. 그는 천성적으로 경쟁심이 강했지만, 운동경기를 하는 데 경쟁심을 모두 써버리고, 보통 때에는 항상 남을 돕고 베푸는 마음만 간직했다. 교사와 연구 동료로서의 페르미는 항상 너그러웠다. 그는 자신의 지식의 보고와 과학적 본능까지도 서슴없이

나눠 주었다. 당대에는 이론과 실험 모두에서 뛰어난 위대한 재능을 지닌 데다가, 물리학을 '하는' 데 거의 동물적인 열정을 지닌 그를 필적할 사람이 없었다.

제자들에게로 이어지는 페르미 상

페르미에게 최초의 상을 줌으로써 시작된 원자력위원회의 상은 페르미가 죽자 그를 기려서 페르미 상으로 이름이 바뀌었다. 이 상은 "원자력의 개발, 사용, 통제에 계속적으로 기여한 공적이 특별히 뛰어난 세계적 인물에게" 해마다 주어진다. 우리 시대에 가장 뛰어난 과학자 가운데 많은 사람이 페르미 상을 받았다(1963년의 페르미 상은 로버트 오펜하이머가 받았다. 온 미국이 히스테리에 사로잡혔던 시대에 오펜하이머에게 불명예를 안겨 준 일을 정부가 반성한다는 뜻에서 이 상을 준 것이다). 우연찮게도 1995년의 수상자는 우고 파노였는데, 그는 페르미가 이탈리아에서 가르친 마지막 제자였다. 또 1996년의 수상자 세 명 가운데 한 명이 리처드 가윈이었는데, 그는 시카고 대학 시절 페르미의 제자였다. 물가상승으로 인해 페르미 상의 상금은 이때 10만 달러로 높아졌다.

페르미 상의 목적 가운데 하나는 다음과 같다.

"모든 세대의 사람들이 엔리코 페르미를 본받도록 하기 위해…… 그리고 페르미를 본받은 페르미 상 수상자들을 본받도록 하기 위해."

1963년 12월에 미국의
린든 존슨 대통령에게
페르미 상을 받고 있는
오펜하이머
이것은 전시 로스앨러
모스 책임자의 비밀취
급인가를 불공정하게
취소한 것을 뒤늦게 보
상하기 위한 것이었다.

오늘날 양성자와 중성자는 각각 쿼크라는 소립자 세 개로 이루어져 있다는 것이 밝혀졌다. 쿼크는 1964년에 머리 겔만이 붙여 준 이름이다. 쿼크와 전자는 아직 더 작게 쪼갤 수 있다는 증거가 나오지 않았다. 현재로서는 더 쪼갤 수 없는 것으로 뉴트리노(중성미자)라는 게 또 있다. 1934년에 뉴트리노라는 이름을 지어 준 것이 바로 페르미이다. 지금 이 순간에도 태양에서 날아온 수십 억 개의 뉴트리노가 독자 여러분의 몸을 꿰뚫고 지나가고 있다. 뉴트리노는 계속해서 지구를 꿰뚫고 하염없이 여행을 계속한다.

오늘날의 과학자들은 이러한 뉴트리노에 대한 페르미의 연구와 페르미 통계, 중성자물리학과 베타 붕괴 이론 등에 대한 페르미의 업적을 잘 기억하고 있다. 특히 페르미가 세계 최초로 통제된 핵 연쇄반응에 성공했다는 점은 오늘날의 보통 사람들에게까지도 가장 큰 영향을 미치고 있다. 바로 그 연쇄반응의 성공 때문에 역사상 가장 무서운 파괴력을 지닌 플루토늄 폭탄이 만들어졌고, 인류는 원자력이라는 새로운 에너지원을 얻을 수 있었다. 오늘날 원자력은 전기를 만드는 데에만 쓰이는 것이 아니라, 병을 진단하고 치료하는 데에도 쓰이고, 강력한 중성자원으로 많은 분야의 연구를 가능케 한다. 페르미는 주위 사람들에게 인간적으로도 좋은 본보기를 보였다. 그는 지극히

쿼크

양성자와 중성자를 구성하는 것으로 보이는 여섯 개의 기본 입자를 말한다. 쿼크 모델은 1963년 머리 겔만의 「바리온과 중간자의 체계적 모형」이라는 논문에서 처음으로 제시되었다. 쿼크는 아직 한 번도 독립적으로 관찰된 적이 없지만, 수많은 소립자들이 존재하는 이유를 잘 설명해 줄 수 있다.

뉴트리노

소립자의 하나로 중성미자라고 한다. 중성미자는 극히 미약하기 때문에 실험적으로 확인하기 곤란했다. 그러나 1953년에 이르러 양성자에 의한 반중성미자의 포착에 따른 소립자 반응을 기초로 하여 비로소 그 존재가 실증되었다.

현명했고, 정열적이었고, 양심적이었으며, 매사에 올곧은 사람이었다. 무엇보다도 그는 물리적 세계가 어떻게 움직이는지를 좀더 잘 이해하기 위해 혼신의 힘을 다한 물리학자였다.

1901년 9월 29일, 이탈리아 로마에서 태어나다.

1914년 정신적 후원자이자 아버지의 친구인 아돌포 아미데이를 만나다.

1915년 형 줄리오가 열다섯 살에 죽다. 고등학교에서 엔리코 페르시코라는 평생의 친구를 만나다.

1918년 피사 대학과 고등사범학교에 동시에 입학하다.

1921년 처음으로 과학 논문을 발표하다.

1922년 피사 대학에서 박사 학위를 받다.

1923년 박사후 과정 장학금을 받고 독일 괴팅겐 대학에서 공부하다.

1924년 로마 대학의 임시교수가 되다. 3개월 장학금을 받아 네덜란드의 레이덴 대학으로 가서, 파울 에렌페스트의 지도를 받다. 어머니와 아버지가 사망하다.

1925년 피렌체 대학 임시교수가 되어 프랑코 라세티와 함께 처음으로 실험 업적을 내다.

1926년 페르미 통계 이론을 만들다. 로마 대학 이론물리학부의 종신교수가 되다.

1928년 7월 19일, 로라 카폰과 결혼하다.

1930년 여름에 처음으로 미국 여행을 하고, 미시건 대학에서 강의를 하다. 핵물리학에 전념하기로 결심하다.

1933년 뉴트리노(중성미자)를 이용해서 베타 붕괴를 설명하다.

1934년 중성자를 포격하여 방사능을 유도하는 실험을 시작하다. 납이 아닌 파라핀을 사용해서 느린 중성자의 효과를 보여 주다.

1934년 핵분열을 일으켜 놓고도, 우라늄 과녁을 덮은 알루미늄 포일 때문에 핵분열 발견을 놓치고 말다. 방사능을 유도 하는 느린 중성자 방법에 대한 특허를 내다.

1938년 이탈리아에서 인종차별법이 시행되자 미국 망명을 결심 하다. 노벨 물리학상을 받다. 한과 슈트라스만이 핵분열 반응을 발견하다.

1939년 가족과 함께 미국 뉴욕에 도착하다. 콜롬비아 대학에서 핵분열과 연쇄반응을 연구하기 시작하다.

1941년 12월 7일, 일본이 하와이의 진주만을 공습하다. 이튿날 미국이 제2차 세계대전에 참전하다.

1942년 시카고 대학으로 옮겨서 원자로 연구를 계속하다. 12월 2일, 최초로 제어된 연쇄반응에 성공하다.

1943년 로스앨러모스의 첫 회의에 참석하다.

1944년 핸포드 원자로를 성공적으로 가동시키고, 로스앨러모스 에서 원자폭탄 개발에 전념하다.

1946년 뉴멕시코 주 앨러머고도에서 최초로 원자폭탄을 실험하 다. 일본 히로시마와 나가사키에 원자폭탄이 투하되다.

1946년 시카고 대학으로 돌아와 핵연구소에서 연구하다.

1947년 원자력위원회의 일반자문위원으로 임명되다.

1951년 시카고 대학의 새로운 사이클로트론으로 높은 에너지의 파이온 실험을 시작하다.

1953년 미국 물리학회 회장이 되다.

1954년 청문회에서 오펜하이머를 변호하는 증언을 하다. 11월 29일, 암으로 사망하다.

현대물리학과 페르미

지은이 댄 쿠퍼
옮긴이 승영조

초판 1쇄 발행 2002년 11월 5일

편집실 진선희 · 최부돈 · 신형애
단행본1팀 이기홍 · 김근영 · 봉정하
단행본2팀 이호준 · 박선희
단행본3팀 강희재 · 신맹순
어린이팀 김경희 그림판팀 이주영
마케팅부 임종익 · 구본산
경영지원부 차영호 · 이유정 · 봉소아

펴낸곳 바다출판사
펴낸이 김인호
출판등록일 1996년 5월 8일 등록번호 제10-1288호
주소 서울시 마포구 서교동 403-21 서홍빌딩 4층
전화 322-3885(편집부), 322-3575(영업부) 팩스 322-3858
ISBN 89-5561-153-6 03400
      89-5561-062-9(세트)

* 값은 뒤표지에 있습니다.

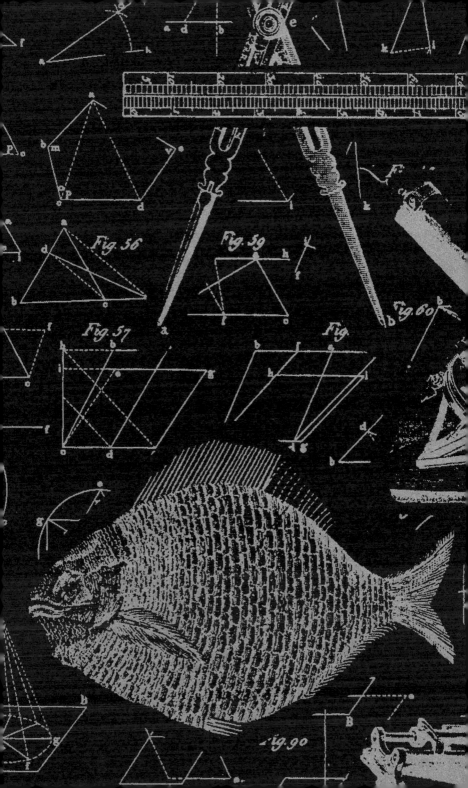